Abhandlungen zur Volksernährung

Heft 7

Über die Konservierung von frischem Beeren-, Kern- und Steinobst in Kühlräumen

Im Auftrage der
Zentral-Einkaufsgesellschaft ausgeführte Untersuchungen

Von Prof. Dr.-Ing. R. Plank, Danzig
und Dr. med. V. Gerlach, Nürnberg

Mit 9 Figuren im Text

München und Berlin 1917
Druck und Verlag von R. Oldenbourg

Inhaltsverzeichnis.

Über die Konservierung von frischem Beeren-, Kern- und Steinobst in Kühlräumen.

Von Prof. Dr. Ing. R. Plank, Danzig, und Dr. med. V. Gerlach, Nürnberg.

1. Vorwort.

Die Konservierung von frischem Obst durch Kälte befindet sich in Deutschland noch im allerersten Stadium der Entwicklung. Während in den Vereinigten Staaten von Nordamerika in dieser Richtung seit Jahren ausgedehnte Versuche in den dem Landwirtschaftsdepartement unterstellten wissenschaftlichen Instituten (Bureau of Plant Industrie, Bureau of Chemistry) vorgenommen werden und die Kaltlagerung von Obst eine ganz allgemeine Verbreitung gefunden hat, konnte man sich bei uns, vorwiegend aus Mangel an positiven Erfahrungen, nicht dazu entschließen, von diesem bei anderen leicht verderblichen Waren so geschätzten Konservierungsmittel Gebrauch zu machen. Nicht nur in Amerika sondern auch auf unserem Kontinent, und zwar in Frankreich, hat man die Notwendigkeit erkannt, die Methoden der Kaltlagerung von Obst eingehend zu studieren; die französische Kälte-Association gründete zu diesem Zweck eine Versuchsstation in Châteaurenard, einem Städtchen, welches im Mittelpunkt der blühendsten Obst- und Gemüsebaubezirke Südfrankreichs liegt[1]).

In Deutschland wurden die ersten Schritte auf diesem Gebiet vor etwa 10 Jahren unternommen; es ist ein unbestreitbares Verdienst des Deutschen Pomologen-Vereins in Eisenach, erkannt zu haben, daß wir dem Studium der Kaltlagerung von Obst erhöhte Aufmerksamkeit zuwenden müssen. Im Jahre 1907 schrieb der erste Vorsitzende dieses Vereins, Herr Lorgus, im Anschluß an einen Bericht über die amerikanischen

[1]) Vgl. Deutsche Obstbauzeitung 1911, Heft 19/20, S. 338 und Ber. des II. Intern. Kältekongr. Wien 1910, Bd. II, S. 997, sowie Zeitschrift „La Revue générale du Froid", Paris, vom 1. August 1910, S. 463.

Obstkühlhäuser[1]): „Deutschland steht in den Anfängen eines Großobstbaues. Es werden infolgedessen in nicht langer Zeit alljährlich sehr große Mengen Obst erzeugt werden. Auch für uns wird angesichts der ungeheueren Vermehrung des Obstbaumbestandes in fast allen deutschen Bezirken in Jahren reicher Ernten die Zeit kommen, wo, wie schon im Jahre 1906 mit Zwetschen, ein ungeheurer momentaner Überschuß besteht, der nicht verwertet werden kann. Für diese Wahrscheinlichkeit gerüstet zu sein, ist eine Notwendigkeit ... In vieler Beziehung sind die Verhältnisse bei uns ähnliche (wie in den Vereinigten Staaten). Auch bei uns herrscht zur Zeit der Obsternte oft Waggonmangel, auch bei uns sind die Obstpreise zur Zeit der Ernte infolge Überangebotes gedrückt; auch bei uns könnte durch Verlängerung der Haltbarkeit durch Kühlung bei einem Teil der Erntemenge der Obstmangel im Winter gedeckt, die Arbeitszeit für die Konservenfabriken verlängert, dadurch die Marktlage stetiger, gleichmäßiger, die Bewertung umfangreicher gemacht werden".

Aus dem hier eingenommenen Standpunkt hat der Deutsche Pomologen-Verein die richtigen Konsequenzen gezogen, indem er zunächst die Einrichtung von Obstlagerhäusern mit Kühleinrichtungen auf die Tagesordnung einer Versammlung während der großen landwirtschaftlichen Woche im Jahre 1909 in Berlin setzte[2]). Im Herbst desselben Jahres wurde der Beschluß gefaßt, sich an den Kosten für die Errichtung zweier Obstlagerhäuser mit Kühleinrichtungen zu beteiligen, von denen das eine mit maschineller Kühlung, das andere mit Eiskühlung versehen werden sollte. Das Kühlhaus mit Maschinenbetrieb wurde unmittelbar darauf auf dem Grundstück des Herrn Schmitz-Hübsch in Merten bei Bonn errichtet[3]). Schmitz-Hübsch, der schon seit 1904 Versuche über die Kaltlagerung von Obst in einem Kölner Kühlhaus gemacht hatte, unterwarf seither verschiedene Obstsorten der Kältekonservierung; auf die von ihm gefundenen Ergebnisse werden wir im folgenden ausführlich eingehen.

---

[1]) Deutsche Obstbauzeitung 1907, Heft 20, S. 319.

[2]) Vgl. Deutsche Obstbauzeitung 1909, Heft 10 und 11.

[3]) Vgl. Festschrift zum 50jährigen Bestehen des Deutschen Pomologen-Vereins Eisenach 1910, S. 75.

Nach dem Muster der Kühlhausanlage in Merten sind dann einige weitere kleine Anlagen errichtet worden. Besonders erwähnenswert ist, daß auch die Königliche Lehranstalt für Wein-, Obst- und Gartenbau in Geisenheim a. Rh. eine derartige Anlage errichtet hat und umfassende Versuche über die Kühlung von Obst vorzunehmen gedenkt[1]).

Im vergangenen Jahr hat sich auch die Zentral-Einkaufsgesellschaft in Berlin veranlaßt gesehen, ihren Teil zu einer vollständigeren Verwertung unserer Obsternten beizutragen. Es wurde zunächst eine Flugschrift über das Ernten, Aufbewahren und Konservieren von Früchten herausgegeben[2]), in welcher jedoch die Aufbewahrung in Kühlräumen nicht berücksichtigt wurde, weil die bisherigen Ergebnisse nicht vielseitig genug und zum Teil auch nicht sicher genug waren, um die Methode zur allgemeinen Anwendung zu empfehlen. Alle bisherigen Versuche haben vielmehr bewiesen, daß man nur dann einen Erfolg bei der Kaltlagerung von frischem Obst erzielen kann, wenn man dem individuellen Verhalten jeder einzelnen Sorte in genügendem Maße Rechnung trägt, was nur durch eingehendes Studium und ausgedehnte Versuche erreicht werden kann. Die Zentral-Einkaufsgesellschaft hat daher beschlossen, Kaltlagerungsversuche in größerem Umfang ausführen zu lassen und hat uns die Leitung dieser Versuche übertragen. Nachdem wir uns die nötigen Kühlräume gesichert hatten, konnte im Juli 1915 mit den Versuchen begonnen werden; es wurde zunächst Beerenobst, sofern es zu dieser Zeit noch erhältlich war, untersucht, dann folgte Steinobst und im Herbst Kernobst. Die Versuche wurden bis zum Ende des Jahres 1915 ausgedehnt, so daß auch einige Herbstvarietäten von Birnen und Äpfeln untersucht werden konnten. Wintersorten wurden von vornherein ausgeschlossen, weil sie sich auch ohne Kühleinrichtungen lange genug aufbewahren lassen.

Die günstigsten Lagerungsbedingungen für Obst in Kühlräumen liegen zur Zeit noch nicht einmal qualitativ fest; von einer quantitativen Lösung dieser Aufgabe kann daher ganz und gar

[1]) Bericht der Kgl. Lehranstalt in Geisenheim a. Rh. für das Jahr 1913.

[2]) Weinhausen und Kochs, Flugschriften zur Volksernährung, herausgegeben von der Zentral-Einkaufsgesellschaft, Heft 5.

Fig. 1. Obst-Kühlraum der Blockeisfabrik von Gottfried Linde in Köln a. Rh.

Fig. 2. Obst-Kühlraum der Blockeisfabrik von Gottfried Linde in Köln a. Rh.

nicht die Rede sein. Nur bezüglich der in den Obstkühlräumen einzuhaltenden Temperaturen scheint eine weitgehende Verständigung nach der Richtung der tieferen Temperaturen getroffen zu sein. Im übrigen sind aber die bestehenden Widersprüche in den Ansichten der verschiedenen Fachleute ganz gewaltig. Wir wollen nur einige dieser Gegensätze hervorheben:

a) Kühlmethode.

Stetefeld[1]) u. a. empfehlen reine Luftkühlung mit reichlicher Luftbewegung und Frischlufterneuerung; auch in den amerikanischen Obstkühlhäusern wird für reichliche Lüftung stets gesorgt[2]). Kühlräume mit Luftkühlung sind in den Fig. 1 und 2 dargestellt. (Kühlhaus Linde, Köln.)

Cairns[3]), faßt die in Westaustralien gesammelten Erfahrungen dahingehend zusammen, daß eine kombinierte Luft- und Röhrenkühlung sich als die vorteilhafteste erwiesen hat.

Julien[4]) dagegen empfiehlt die Kaltlagerung von Obst in ruhender, stagnierender Luft, also bei reiner Röhrenkühlung vorzunehmen und von jeder Lufterneuerung abzusehen. Diese Ansicht ist auch in Deutschland vielfach vertreten; die wenigen ausschließlich für die Kaltlagerung von Obst errichteten Kühlanlagen besitzen nur reine Röhrenkühlung[5]); eine Frischlufterneuerung ist bei diesen Anlagen zwar möglich, es wird aber nur selten davon Gebrauch gemacht (Fig. 3).

---

[1]) Stetefeld, Zeitschr. „Eis- und Kälte-Industrie" 1911, Heft 7 u. 8.

[2]) Vgl. z. B. den Auszug aus dem Bericht des landwirtschaftlichen Sachverständigen für das Deutsche Reich in den Vereinigten Staaten über Kühleinrichtungen für Obst in Nordamerika, Deutsche Obstbauzeitung 1907, Heft 20, S. 314.

[3]) A. D. Cairns, Fruit cold Storage in Western Australia, Ber. des I. Intern. Kältekongresses, Paris 1908, II. Bd., S. 768.

[4]) Ch. Julien, Contribution aux études de maturation et de réfrigération dans la conservation des fruits, Ber. des I. intern. Kälte-Kongresses, Paris 1908, II. Bd., S. 775.

[5]) Diese Anlagen für Kälteleistungen von 10000 bis 20000 Kalorien pro Stunde sind von der Kältemaschinen-Gesellschaft m. b. H. Hartung, Kuhn & Co., Düsseldorf, geliefert. Solche Anlagen befinden sich in der Kgl. Lehranstalt für Wein-, Obst- und Gartenbau in Geisenheim a. Rh., bei Herrn Schmitz-Hübsch in Merten bei Bonn, bei Herrn Weskott im Obstgut Mathildenhof in Schlebusch bei Köln, sowie bei der k. u. k. Landes-wein- und Obstbaudirektion zu Steiermark.

b) Relative Feuchtigkeit.

Nach Arnold[1]) schwanken die Angaben der einzelnen Autoren zwischen 60 und 95%, also zwischen sehr trockener und sehr feuchter Luft; er selbst empfiehlt 80% bei einer Temperatur von + 1 bis + 5°.

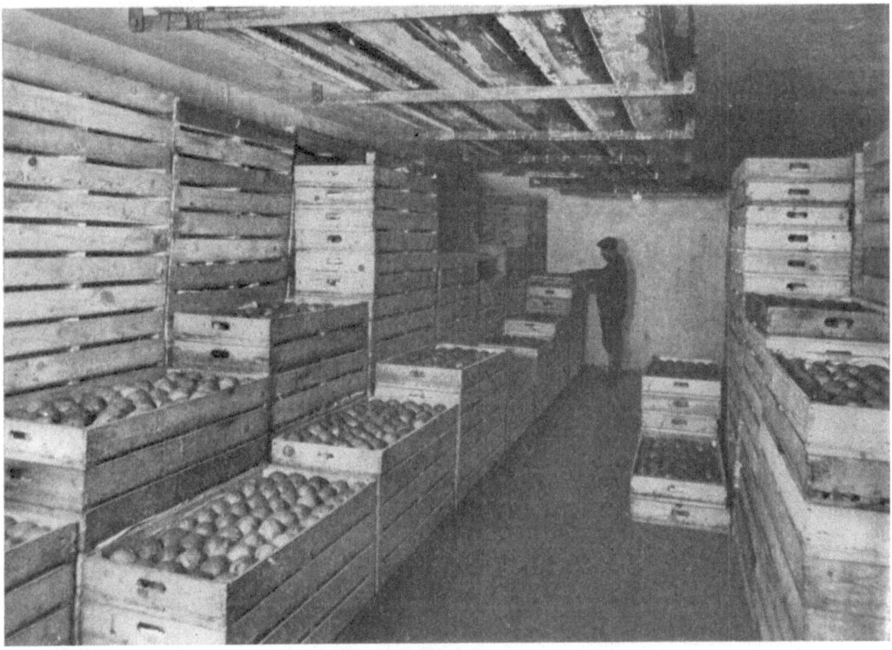

Fig. 3.

Julien (a. a. O.) teilt mit, daß die Erfahrungen in Frankreich dazu geführt haben, eine relative Feuchtigkeit von 62 bis 75% bei einer Temperatur von + 1 bis + 6° als die günstigste anzusehen; er hebt den Widerspruch mit der Ansicht von Professor Powels hervor, welcher eine höhere Feuchtigkeit, und zwar 75 bis 85% empfiehlt.

---

[1]) Arnold, Obstlagerhäuser mit Kühleinrichtungen, Deutsche Obstbauzeitung 1909. Heft 10 u. 11.

Stetefeld[1]) schlägt für eine Reihe von Obstsorten die Einhaltung einer relativen Feuchtigkeit von 75 bis 90% bei einer Temperatur von + 2 bis + 4° vor. Auf dem gleichen Standpunkt steht H. Semler[2]). An anderer Stelle[3]) gibt Stetefeld wesentlich abweichende Werte an, und zwar für frische Früchte als untere Grenze 65%, als obere Grenze 75%; für trockene Früchte sowie Citrusfrüchte sogar nur 60 bis 70%.

Die von Göttsche[4]) angegebene relative Feuchtigkeit schwankt zwischen 70 und 75% bei Temperaturen von + 1 bis + 2°, was einer ziemlich trockenen Luft entspricht.

Einen extremen Standpunkt nimmt Schmitz-Hübsch[5]) ein; er verlangt, daß die Luft stets genügend mit Feuchtigkeit gesättigt sei, und erreicht das bei seiner Anlage durch Begießen des Fußbodens mit Wasser und möglichst weitgehende Vermeidung einer Luftbewegung. Den gleichen Standpunkt vertritt A. von der Planitz, indem er für die Lagerung von Äpfeln eine relative Feuchtigkeit von über 90% (bis 99%) bei + 7 bis — 2° vorschreibt[6]). Er schreibt wörtlich: „Feuchte Luft ist zur Aufbewahrung von Äpfeln unerläßlich und ist von allen Konservierungsmitteln das wichtigste."

c) Lichtverhältnisse.

Im allgemeinen wird empfohlen, die Lagerräume dunkel zu halten[7]), um die chemischen und speziell photochemischen Vorgänge zu verlangsamen. Die Forderung einer völligen Verdunkelung der Räume wird besonders von Julien (a. a. O.) hervorgehoben.

---

[1]) Stetefeld, „Die Eis- und Kälteerzeugungsmaschinen". Stuttgart 1911 (Verlag M. Waag), S. 342.

[2]) H. Semler, „Die gesamte Obstverwertung", 2. Aufl., bearbeitet von H. Timm, Wismar 1906, S. 609.

[3]) Stetefeld, „Kühlanlagen für Obst und Gemüse", Eis- und Kälte-Industrie 1911, Heft 7 u. 8.

[4]) Göttsche, „Die Kältemaschinen und ihre Anlagen", Altona 1912—1915, S. 713.

[5]) Schmitz-Hübsch, „Eine moderne Obstkühlanlage", Festschrift zum 50jährigen Bestehen des Deutschen Pomologen-Vereins, Eisenach 1910.

[6]) A. v. d. Planitz, Ratgeber für Obst- und Gartenbau, Beschreibung des Obstmagazins der Meraner Calville-Exportgesellschaft; vgl. auch die unter Anm. 2 angegebene Quelle, S. 609 bis 613.

[7]) H. Semler, a. a. O.

Dagegen schreibt Stetefeld[1]): „Die Kühlräume sollen, wenn möglich, für Tagesbeleuchtung (Fenster mit doppelter Rohglasverglasung oder Glasbausteinen) entworfen werden, aber gleichzeitig auch künstliche, am besten elektrische Beleuchtung besitzen".

d) Einwickeln in Papier.

In den Vereinigten Staaten wird das Einwickeln feiner Obstsorten in Papier allgemein als eine günstig wirkende Maßnahme betrachtet; dagegen berichtet J. Müller (Diemitz)[2]), daß das Obst in der Anlage von Schmitz-Hübsch in Merten nicht eingewickelt wird, weil sich das Einwickeln als schädlich gezeigt hat.

Diese Beispiele könnten noch durch viele weitere ergänzt werden, sie genügen jedoch, um die Schärfe der bestehenden Widersprüche klar vor Augen zu führen und die Notwendigkeit eingehender Forschungsarbeiten auf diesem Gebiete klarzulegen.

Bei der Wahl der zu untersuchenden Sorten wurde das Hauptgewicht auf das billige und in großen Mengen erhältliche Wirtschaftsobst gelegt; einzelne feinere Sorten wurden nur ausnahmsweise herangezogen, und es bleibt weiteren Untersuchungen vorbehalten, die günstigsten Bedingungen für dieselben festzulegen. Der Grund für diese Bevorzugung des billigen Wirtschaftsobstes liegt darin, daß bisher die größten Verluste gerade bei diesem Obst vorgekommen sind, weil die großen Massen bei guten Ernten nicht bewältigt werden konnten. Es empfiehlt sich auch aus anderen Gründen, die Untersuchung von Wirtschaftsobst und Edelobst zu trennen, da die Art der Behandlung im Kühlraum für beide Sorten grundverschieden ist. Während beim Wirtschaftsobst alle kostspieligen Manipulationen vermieden werden müssen und zur guten Ausnutzung der Kühlräume relativ große Schütthöhen angewandt werden müssen, verträgt das Edelobst eine teurere und sorgfältigere Behandlung, z. B. das Auslegen des Obstes auf Horden, das

---

[1]) Stetefeld, „Kühlanlagen für Obst und Gemüse", Eis- und Kälte-Industrie 1911, Heft 7 u. 8.

[2]) J. Müller, „Obstlagerhäuser mit Kühleinrichtung", Deutsche Obstbauzeitung 1910, Heft 7 u. 8, S. 99.

Einwickeln jeder einzelnen Frucht in Papier u. a. Es hat sich schon bei früheren Untersuchungen herausgestellt, und auch unsere Versuche haben es bestätigt, daß bei längerer Aufbewahrung im Kühlraum ein merklicher Verlust an Aroma und eine Abnahme des spezifischen Geschmackswertes infolge der ständig zunehmenden Verringerung des Säuregehaltes auftritt. Diese Erscheinung macht sich naturgemäß bei den weniger feinen Sorten nicht so unangenehm bemerkbar wie beim Edelobst, dessen Hauptwert in der vollen Erhaltung des feinen Geschmacks und Aromas liegt. Auch aus diesem Grunde ist die Kaltlagerung der billigen Obstsorten zweifellos der wichtigere Teil der Aufgabe.

Schon bei der Festlegung der ersten Umrisse unseres Versuchsprogramms wurde es uns klar, daß die Mitwirkung eines Fachmannes aus der Konservenindustrie für die erfolgreiche Durchführung der Untersuchung von ausschlaggebender Bedeutung sein würde. Wir wandten uns daher an Herrn Direktor Zarges von der Konservenfabrik Helvetia in Groß-Gerau, der sich nicht nur bereit erklärte, uns mit fachmännischem Rat zur Seite zu stehen und die Beurteilung und Verarbeitung des kaltgelagerten Obstes zu übernehmen, sondern uns auch in großzügiger Weise das ganze Untersuchungsmaterial zur Verfügung stellte.

Dadurch waren wir nun mit der Ausführung der Versuche an die Nähe von Frankfurt a. M. gebunden, und es galt, in dieser Gegend geeignete Kühlräume zu erhalten. Auch bei den Kühlhausbesitzern fanden wir ein verständnisvolles und weitgehendes Entgegenkommen. Sowohl Herr Direktor Binding von der Brauerei Binding in Frankfurt a. M. wie auch Herr Direktor Marxsohn von der Union-Brauerei in Groß-Gerau stellten uns geeignete Räume kostenlos zur Verfügung. Von der Geflügelhandlung des Hoflieferanten Peter Bachmann in Frankfurt a. M. wurde uns ein weiterer Kühlraum unter sehr günstigen Bedingungen überlassen. Es ist uns eine angenehme Pflicht, unseren Dank auch an dieser Stelle zum Ausdruck zu bringen.

Unser Dank gebührt ferner in hohem Maße Herrn Dr. E. Plank, der an Ort und Stelle die laufenden Beobachtungen ausführte und die Führung der Versuchsprotokolle sowie die Überwachung der Registrierinstrumente übernommen hat.

Zur Klärung der im Obst während der Lagerung auftretenden Veränderungen schien es angebracht, fortlaufende chemische Analysen einiger Sorten vorzunehmen. Diese Untersuchungen wurden Herrn Professor Dr. Becker in Frankfurt a. M. übertragen, der sich bereit erklärte, sie zu besonders günstigen Ausnahmebedingungen auszuführen. Die Ergebnisse werden im Abschnitt 9 mitgeteilt.

2. Die benutzten Kühlräume.

Wie wir bereits im Vorwort hervorgehoben haben, bedarf die Frage nach den günstigsten Luftverhältnissen in den Kühlräumen für die einzelnen Obstsorten einer eingehenden experimentellen Prüfung. Sowohl die Temperatur der Luft wie auch deren relative Feuchtigkeit und Bewegungszustand müssen auf ihren Einfluß auf die Haltbarkeit des Obstes untersucht werden. Es sollten daher für jede Obstsorte systematische Vergleichsversuche in Kühlräumen mit verschiedenen Luftverhältnissen durchgeführt werden, was eine außerordentliche Mannigfaltigkeit von Versuchsbedingungen bedeutet, die bei den vorliegenden ersten Versuchen dieser Art selbstverständlich nicht erschöpft werden konnte. Nur bezüglich der Temperatur kann man sich mit ziemlich engen Grenzen begnügen, da die bisherigen, besonders in den Vereinigten Staaten gesammelten Erfahrungen ganz allgemein und übereinstimmend zu der Überzeugung geführt haben, daß nur tiefe Temperaturen in der Nähe von Null Grad eine längere Haltbarkeit des Obstes ermöglichen. Wir begnügten uns daher im allgemeinen mit dem Temperaturgebiet zwischen 0 und + 2° und haben nur ausnahmsweise höhere und tiefere Temperaturen verwendet. Mit der Begrenzung des Temperaturgebietes rücken auch die Grenzen für die relative Feuchtigkeit enger zusammen, denn in der Gegend von Null Grad gilt ein Raum mit 70% relativer Feuchtigkeit schon als sehr trocken, während die obere Grenze bei nahezu gesättigter Luft, also bei ca. 100% relativer Feuchtigkeit liegt. Der Wunsch, dieses Gebiet zwischen 70 und 100% möglichst weitgehend zu erschöpfen, scheiterte am Mangel an geeigneten Kühlräumen. Es gelang uns zwar, der oberen Grenze sehr nahe zu kommen (96% bei + 1,5°), dagegen wies der trockenste Raum, den wir für die Versuche benutzen konnten, eine relative Feuchtigkeit von 83% bei + 1 bis + 1,5° auf. Versuche in noch trockeneren Räumen stehen daher noch aus. Was den Bewegungszustand der Luft und damit die Kühlmethode anbetrifft, so mußten wir uns eine weitere Beschränkung auferlegen; in der Nähe von Frankfurt a. M. konnten keinerlei Kühlräume mit bewegter Luft (Luftkühlung), sondern nur solche mit stiller Kühlung (Röhrenkühlung) für die Versuche bereitgestellt werden. Kühlräume in größerer Entfernung von Frankfurt kamen für uns nicht in Frage, weil dadurch die Zufuhr des Obstes, die Ausübung einer gleichmäßigen und dauernden Kontrolle, sowie die Beurteilung und Verarbeitung des Obstes in unzulässigem Maße erschwert worden wäre. Einen Raum mit Luftkühlung glaubten wir zunächst in dem Kühlraum der Geflügelhandlung von Bachmann (s. S. 14) gefunden zu haben. Es stellte sich jedoch bald heraus, daß aus betriebstechnischen Gründen die Kühlung auch in diesem Raum ausschließlich durch die Deckenrohre bewirkt werden mußte. Ein weiterer Versuch in dieser Richtung wurde im Kühlhaus des Schlachthofes in Darmstadt gemacht; obgleich wir uns darüber klar waren, daß der Geschmack und das Aroma des Obstes durch das im gleichen Raum hängende Fleisch leiden würden, wollten wir es doch nicht unterlassen, unter gebührender Berücksichtigung dieses Umstandes einen Kaltlagerungsversuch zu riskieren. Es stellte sich jedoch bereits nach 8 Tagen heraus, daß die Schädigung des Obstes durch das benachbarte Fleisch so groß war, daß der Versuch als aussichtslos abgebrochen wurde.

Wir mußten uns daher notgedrungen auf Räume mit stiller Kühlung und sehr schwacher, durch Konvektionsströme bedingter Luftbewegung beschränken, und es wird weiteren Forschungsarbeiten vorbehalten bleiben, diese Lücke zu ergänzen. Die ruhende Luft dürfte zwar die Erhaltung des Aromas des Obstes begünstigen und die Verdunstung herabsetzen, dagegen wäre in bewegter Luft die Schimmelbildung zweifellos längere Zeit aufzuhalten. Für diejenigen Obstsorten, bei denen die Grenze der Aufbewahrungsdauer durch die Schimmelbildung vorgeschrieben wird, würde man zweifellos in mäßig bewegter Luft bessere Resultate erzielen; zu dieser Gruppe gehört z. B. das Beerenobst. Dagegen dürften eine stärkere Luftbewegung, mit der häufig auch eine höhere Trockenheit der Luft Hand in Hand geht, auf alle diejenigen Obstsorten, deren Aufbewahrungsdauer durch eintretende Schrumpfungserscheinungen und Aromaverlust begrenzt ist, ungünstig einwirken; hierzu gehört das Kernobst und zum Teil auch das Steinobst.

In allen benutzten Räumen wurde die Temperatur und die relative Feuchtigkeit dauernd kontrolliert. Meist bedienten wir uns der Registrierinstrumente, die mit genauen, in Zehntelgrade geteilten Thermometern bzw. mit Aspirationspsychrometern verglichen wurden. Außer der Lufttemperatur wurde vielfach auch der Temperaturverlauf im Innern der Obstkörbe gemessen, um die Dauer der Abkühlung und eine etwa verbleibende Temperaturdifferenz zwischen der umgebenden Luft und dem Obst zu erfassen (vgl. Abschnitt 5). Zur Feststellung der Gewichtsveränderungen wurde das Obst in regelmäßigen Abständen gewogen (vgl. Abschnitt 6). Die während der Lagerzeit sich einstellenden äußeren Veränderungen wurden genau beobachtet und in die für jeden Obstkorb getrennt geführten Protokolle eingetragen. Ein Teil des Obstes wurde zu verschiedenen Zeiten der Lagerung in rohem Zustand gekostet, der größte Teil wurde jedoch zu Konserven, und zwar zu Kompott oder zu Marmelade verarbeitet und erst in diesem Zustand der Kostprobe unterworfen. Bei 4 Sorten wurde ein Teil des untersuchten Obstes ausführlichen chemischen Analysen unterworfen (vgl. Abschnitt 9). Im folgenden geben wir eine kurze Übersicht der benutzten Kühlräume.

A. Kühlraum I der Union Brauerei in Groß-Gerau.

Es handelt sich um einen hohen Lagerkeller, in welchem nur einige leere Bierfässer untergebracht waren. Der Raum wurde von den übrigen Kellern durch eine verschließbare Tür getrennt. Die Kühlung erfolgt durch Solerohre an der Decke. Der Raum zeichnet sich durch eine relativ hohe Trockenheit aus. Die Obstkörbe wurden nicht direkt auf den Boden, sondern auf hölzerne Latten gestellt. Die Temperatur betrug bei den ersten Einlagerungen, Mitte Juli, $+1,5^0$, sank aber im September mit geringen Schwankungen auf rd. $+1^0$ und hielt sich auf dieser

Höhe bis Ende Dezember. Die relative Feuchtigkeit schwankte in geringen Grenzen etwa zwischen 81 und 85%; im Mittel betrug sie 83%. In allen anderen von uns benutzten Kühlräumen wurde dauernd eine höhere relative Feuchtigkeit gemessen.

B. Kühlraum II der Union Brauerei in Groß-Gerau.

Dieser Raum, der mit den anderen Lagerräumen in Verbindung stand und in dem volle Bierfässer untergebracht waren, hatte eine stärkere Berohrung an der Decke, so daß die Temperatur dauernd in unmittelbarer Nähe von 0° erhalten werden konnte. Die relative Feuchtigkeit betrug in den ersten Wochen (Mitte Juli) 92,5% und schwankte in den weiteren Monaten, bis Ende Dezember, zwischen 90 und 91%. Für die Unterbringung des Obstes wurden hier kleine verschließbare Wandschränke mit Regalen und Bretterverschlägen eingebaut. Es wurden hier nur kleine Körbe mit Obst auf den Regalen aufgestellt.

C. Kühlraum in der Brauerei Binding in Frankfurt a. M.

Der uns überlassene Raum wurde von den übrigen Lagerräumen des Tiefkellers durch eine Bretterwand mit verschließbarer Tür getrennt. Der Raum war sehr feucht, so daß das Wasser zeitweise auf dem Boden stand und an den Wänden herunterrieselte. Die Obstkörbe wurden auf Holzlatten gestellt. Die Temperatur betrug im Juli und August + 1,5° und stieg in den folgenden Monaten bis + 2,2°. Die relative Feuchtigkeit betrug zuerst 96% (bei + 1,5°) und dann 94% (bei + 2,2°).

D. Kühlraum der Geflügelhandlung P. Bachmann, Frankfurt a. M.

Die Kühlung in diesem Raum erfolgte teils durch kalte Sole, die in den an der Decke angeordneten dicken Rohrsträngen mit Akkumulatorwirkung zirkulierte, teils durch kalte Luft, die in einem besonderen, kleinen Luftkühler abgekühlt und durch hölzerne Kanäle dem Raum zugeführt wurde. Die Anlage ist auch im Sommer nur einige Stunden täglich in Betrieb, da die gute Isolierung der Räume und die in den Solekühlrohren aufgespeicherte Kälte auch bei längeren Betriebspausen eine unzulässige Temperaturerhöhung ausschließt. Infolge dieser kurzen täglichen Betriebsdauer konnte auch der Ventilator des Luftkühlers nur vorübergehend in Funktion treten, so daß auch in diesem Raum kaum von einer „Luftkühlung" die Rede sein konnte, sondern im allgemeinen nur stille Kühlung durch die Wirkung der Deckenrohre erfolgte. Die Temperatur betrug anfangs (Mitte Juli) + 3 bis + 4°. Infolge undichter Schieber sank aber die Temperatur schon in der zweiten Woche auf etwa 0° und erreichte dann vorübergehend bis zu — 2°. Die relative Feuchtigkeit schwankte zwischen 91 und 92,5%. Am 8. September wurden die Versuche in diesem Kühlraum abgeschlossen.

Die ersten 3 der oben angegebenen Kühlräume befinden sich in Brauereikellern, und es fragt sich, ob die Luft in diesen Kellern in ihrer Zusammensetzung wesentlich von der normalen Atmosphäre abweicht. Insbesondere war zu prüfen, ob der Kohlensäuregehalt in den Lagerkellern abnorm hoch war; es sei dabei betont, daß zur Lagerung des Obstes in keinem Falle Gärkeller, sondern nur Lagerkeller benutzt wurden. Die Luftanalysen, die von Herrn Professor Dr. Becker in den Kühlräumen I und II der Union-Brauerei in Groß-Gerau vorgenommen wurden, ergaben folgende Resultate (in Volumenprozenten):

Kühlraum	I,	Luft in der Mitte des Raumes	0,58% CO_2
	I,	in unmittelbarer Nähe der Obstkörbe	0,61 „ „
„	II,	Luft in der Mitte des Raumes	0,55 „ „
„	II,	in unmittelbarer Nähe des Obstes	0,56 „ „

Demgegenüber sei bemerkt, daß der normale CO_2-Gehalt der atmosphärischen Luft nur 0,03 bis 0,04% beträgt[1]). Die Luft war also in den Kühlräumen relativ kohlensäurereich, der absolute Gehalt ist aber immer noch so niedrig, daß er auf die Versuchsergebnisse kaum einen Einfluß ausgeübt haben konnte.

3. Die chemischen Vorgänge bei der Reifung des Obstes.

Für das Studium der Frage der günstigsten Aufbewahrungsbedingungen von frischem Obst ist vor allem die Kenntnis derjenigen Veränderungen erforderlich, welche die Zusammensetzung

---

[1]) Vgl. Handbuch der Hygiene, Leipzig 1911, Verlag Hirzel, Bd. I, S. 376 bis 379.

des Obstes während der Reifungszeit erleidet. Erst dann werden wir in der Lage sein, den Einfluß der äußeren Verhältnisse (Wärme, Feuchtigkeit, Licht, Luftwechsel) auf die einzelnen Stadien der chemischen Umwandlungen zu verfolgen und die günstigsten Bedingungen systematisch zu studieren. Es bietet sich hierbei eine Fülle von Aufgaben, von deren definitiver Lösung wir noch weit entfernt sind; selbst der Chemismus der Reifungsvorgänge ist uns heute nur in großen Zügen bekannt, denn gerade die jüngsten Forschungen haben gezeigt, daß an den chemischen Umwandlungen im reifenden Obst eine außerordentlich große Anzahl von Stoffen beteiligt ist, deren Rolle zum Teil noch ganz ungeklärt ist. Wir wollen daher nur die wichtigsten Phasen der Reifung ins Auge fassen, die heute im allgemeinen als geklärt gelten dürfen. Es sind dies: A. Die Bildung und Umwandlung der Kohlehydrate und B. die Bildung und Umwandlung der Fruchtsäuren.

A. Die Bildung und Umwandlung der Kohlehydrate.

Die im Obst enthaltenen Kohlehydrate sind sowohl Monosaccharide von der Zusammensetzung $C_6H_{12}O_6$ (Glukose, Fruktose u. a.) wie auch Polysaccharide von der Zusammensetzung $C_{12}H_{22}O_{11}$ (Rohrzucker, Maltose u. a.) bzw. von der allgemeinen Zusammensetzung $(C_6H_{10}O_5)_n$ (Zellulose, Stärke, Glykogen, Dextrine).

In den unreifen (grünen) Früchten finden wir in erster Linie Stärke, daneben aber auch Glukose und Rohrzucker. Die Synthese dieser organischen Stoffe aus anorganischen (Kohlensäure und Wasserdampf) ist auf den Assimilationsprozeß in den grünen Pflanzen zurückzuführen, der unter Einwirkung des Chlorophylls und des Sonnenlichtes vor sich geht. Man ist heute mit Bayer[1]) der Ansicht, daß hierbei als erstes Produkt der Assimilation Formaldehyd CH_2O erscheint und aktiver Sauerstoff frei wird. Dieser Vorgang verläuft nach der Gleichung

$$CO_2 + H_2O = \underset{\text{Formaldehyd}}{CH_2O} + O_2 \; . \; . \; . \; . \; . \; . \quad (1).$$

Auf die Rolle des freiwerdenden aktiven Sauerstoffes werden wir im nächsten Abschnitt bei der Besprechung der Säurebil-

---

[1]) Bayer, Ber. d. chem. Ges. 1870, III, S. 13.

dung zurückkommen. Durch einfache Polymerisation des Formaldehyds wird Glukose gebildet:

$$\underset{\text{Formaldehyd}}{6\,CH_2O} = \underset{\text{Glukose}}{C_6H_{12}O_6}$$

und durch Polymerisation mit Abspaltung von Wasser erhält man die höheren Zuckerarten

$$6\,CH_2O - H_2O = \underset{\text{Stärke}}{C_6H_{10}O_5}$$

und

$$12\,CH_2O - H_2O = \underset{\text{Rohrzucker}}{C_{12}H_{22}O_{11}}.$$

Da hierbei Formaldehyd nur als Übergangsprodukt entsteht, so kann man die Synthese der organischen Verbindungen summarisch auch so darstellen:

$$\left.\begin{aligned} 6\,CO_2 + 6\,H_2O &= \underset{\text{Glukose}}{C_6H_{12}O_6} + 6\,O_2 \\ 12\,CO_2 + 11\,H_2O &= \underset{\text{Rohrzucker}}{C_{12}H_{22}O_{11}} + 12\,O_2 \\ 6\,CO_2 + 5\,H_2O &= \underset{\text{Stärke}}{C_6H_{10}O_5} + 6\,O_2 \end{aligned}\right\} \quad \ldots\ldots \quad (2).$$

Das erste Stadium der Reife ist dadurch gekennzeichnet, daß sich der Stärkegehalt des Obstes vermindert und schließlich ganz verschwindet. Die Stärke wird dabei in Glukose umgewandelt:

$$\underset{\text{Stärke}}{C_6H_{10}O_5} + H_2O = \underset{\text{Glukose}}{C_6H_{12}O_6} \quad \ldots\ldots \quad (3).$$

Die Spaltung eines Körpers unter Wasseraufnahme bezeichnet man als Hydrolyse. Diese Spaltung der Stärke geschieht unter dem Einfluß eines hydrolytischen Fermentes[1]), der Diastase, die im Pflanzenreich sehr verbreitet ist. Ein Gewichtsteil Diastase zerlegt 2000 Gewichtsteile Stärke. Durch hydrolytische Spaltung der Stärke entsteht nicht nur Glukose, sondern auch Rohrzucker, was besonders von Kulisch[2]) betont wird:

$$2\,\underset{\text{Stärke}}{C_6H_{10}O_5} + H_2O = \underset{\text{Rohrzucker}}{C_{12}H_{22}O_{11}} \quad \ldots\ldots \quad (4).$$

---

[1]) Nach dem Mechanismus ihrer Wirkung sind Fermente als Katalysatoren aufzufassen. Als Katalyse bezeichnet man die Beschleunigung einer langsam verlaufenden Reaktion durch Fremdkörper, die jedoch an der Reaktion nicht direkt teilnehmen und im Endresultat in unveränderter Form und Menge vorhanden sind.

[2]) Kulisch, Untersuchungen über das Nachreifen der Äpfel, Landw. Jahrb. Bd. 21, 1892, S. 871.

Das Verschwinden der Stärke im reifenden Obst ist ein sehr charakteristischer Vorgang; er ist stets mit einer Vermehrung des Zuckergehaltes verbunden. Besonders die neueren Untersuchungen von Bigelow, Gore und Howard[1]) haben ergeben, daß (bei Äpfeln) die Kurven der zeitlichen Veränderungen des Stärke und Rohrzuckergehalts stets den genau entgegengesetzten Verlauf haben. Es ist daher anzunehmen, daß sich die Stärke zunächst in Rohrzucker umwandelt, und daß erst durch weitere hydrolytische Spaltung des Rohrzuckers Glukose (und Fruktose) entsteht. Diese Reihenfolge der Vorgänge fand auch bereits Lindet[2]), welcher sowohl in Äpfeln wie auch in Birnen, Pfirsichen, Aprikosen und Pflaumen bedeutende Mengen von Stärke nachwies. Die Geschwindigkeit, mit welcher der Stärkegehalt sinkt, ist bei verschiedenen Früchten durchaus nicht gleich; so fand Kulisch (a. a. O.), daß bei den früh reifenden Äpfeln schon zur Zeit der Baumreife keine Stärke mehr vorhanden ist, während sich bei spät reifenden Winteräpfeln, selbst wenn sie bis Mitte Oktober am Baum belassen wurden, noch bedeutende Stärkemengen vorfanden.

Das mit der Reifung Hand in Hand gehende Weichwerden der Früchte ist auf die Verminderung des in Wasser unlöslichen Teiles zurückzuführen; es ist daher wahrscheinlich, daß die Herabsetzung des Stärkegehaltes das Weichwerden begünstigt, wenn sie auch nicht als einzige Ursache desselben angesehen werden darf.

Die hydrolytische Spaltung der Stärke wird durch höhere Temperaturen beschleunigt.

Das folgende Stadium der Reifung ist charakterisiert durch die hydrolytische Spaltung des Rohrzuckers in Glukose und Fruktose. Diesen Vorgang bezeichnet man als Inversion und das entstehende Gemisch als Invertzucker. Die Spaltung geht nach der Gleichung

$$\underset{\text{Rohrzucker}}{C_{12}H_{22}O_{11}} + H_2O = \underbrace{\underset{\text{Glukose}}{C_6H_{12}O_6} + \underset{\text{Fruktose}}{C_6H_{12}O_6}}_{\text{Invertzucker}} \quad . \; . \; . \quad (5)$$

[1]) Bigelow, Gore und Howard, Studies on Apples, U. S. Departement of Agriculture, Bureau of Chemistry, Bulletin No. 94, 1905.

[2]) Lindet, Recherche sur le développement et la maturation de la pomme à cidre Ann. agron. 1894, t. XX, p. 5.

vor sich und erfolgt ebenfalls unter Einwirkung eines spezifischen Fermentes, des Invertins. Solange in der Frucht noch Stärke enthalten ist, wächst der Gehalt an Rohrzucker und erreicht sein Maximum, wenn die letzten Spuren Stärke verschwunden sind. Von diesem Zeitpunkt an findet ein Abbau des Rohrzuckers zu Invertzucker statt, der mit der Lagerzeit dauernd zunimmt. Die Inversion beginnt sicherlich nicht erst zu dem Zeitpunkt, in welchem die Stärke verschwindet, sondern greift auch in die Periode der Stärkeumwandlung über, es wird aber in dieser ersten Periode mehr Rohrzucker erzeugt als für die Inversion verbraucht wird. Diese Gesetzmäßigkeiten ergeben sich aus den Versuchen von Bigelow, Gore und Howard (a. a. O.), denen wir die Fig. 4[1]) entnehmen. In dieser Figur sind für die Apfelsorte Rhode Island, eine frühe Wintersorte, die Veränderungen im Gehalt an Stärke, Rohrzucker, Invertzucker und Fruchtsäure in Prozenten der gesamten Trockensubstanz über der Lagerzeit aufgetragen. Die Lagerung erfolgte hierbei in gewöhnlichen, nicht gekühlten Räumen. Die Umwandlung von Rohrzucker in Invertzucker setzt sich bis zu dem Zeitpunkt der Fäulnisbildung fort. Danach scheint aber nach Untersuchungen der eben genannten Autoren die durch Gleichung (5) dargestellte Reaktion in entgegengesetzter Richtung zu verlaufen, denn der Zeitpunkt der beginnenden Fäulnis ist durch ein Minimum der Rohrzuckerkurve und ein Maximum der Invertzuckerkurve gekennzeichnet.[2])

Von weiteren Vorgängen, die sich während der Reifung abspielen, ist die Spaltung des Invertzuckers (der Glukose) hervorzuheben. Diese Spaltung erfolgt entweder als Oxydationsvorgang unter dem Einfluß des Luftsauerstoffs und oxydativer Fermente (Peroxydasen und Oxygenasen) oder unter Ausschaltung des Luftsauerstoffes durch die Wirkung anaerober Fermente (Zymasen).

Im ersten Fall spricht man von einer Atmung des Obstes, weil dabei Sauerstoff verbraucht und Kohlensäure erzeugt wird; der zweite Fall stellt die Alkoholgärung dar. Diese Vor-

[1]) Fig. 1 der Originalarbeit.

[2]) Bigelow, Gore und Howard a. a. O. S. 41 u. 42 und Gore, The effect of low temperatures on the life processes of fruits usw. Ber. des II. intern. Kälte-Kongr. Wien, Bd. II, 1910, S. 348.

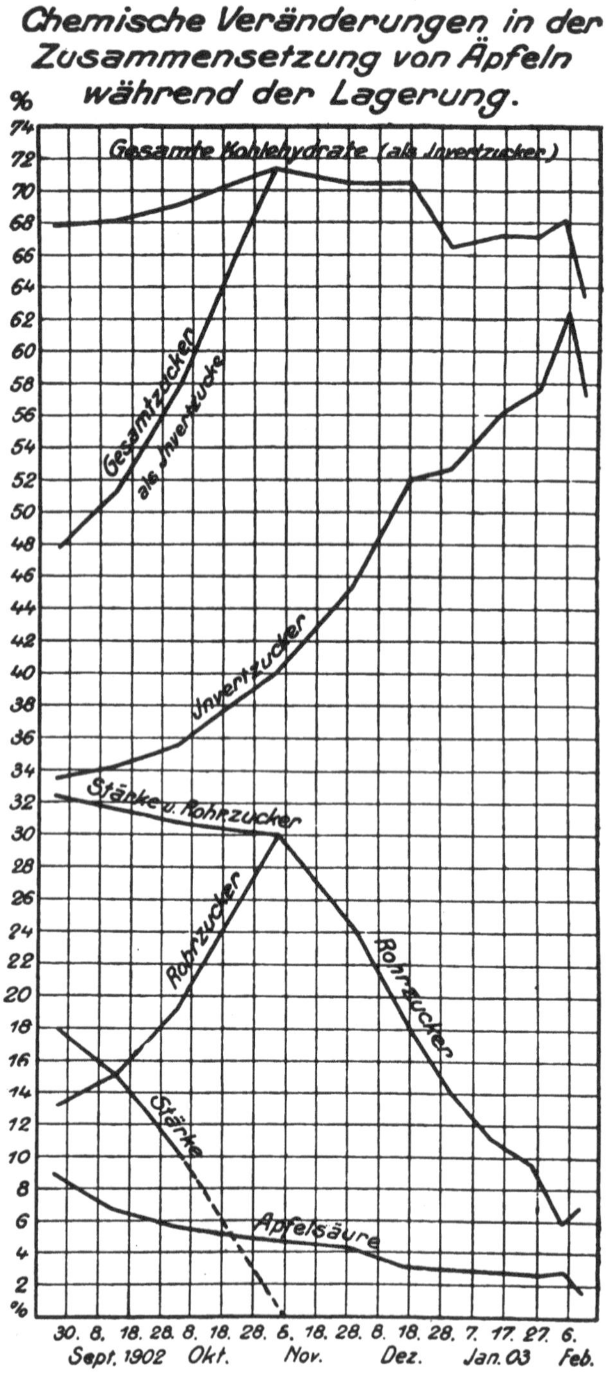
Chemische Veränderungen in der Zusammensetzung von Äpfeln während der Lagerung.
%
74
72
70
68
66
64
62
60
58
56
54
52
50
48
46
44
42
40
38
36
34
32
30
28
26
24
22
20
18
16
14
12
10
8
6
4
2
%
Gesamte Kohlehydrate (als Invertzucker)
Gesamtzucker als Invertzucker
Invertzucker
Stärke u. Rohrzucker
Rohrzucker
Rohrzucker
Stärke
Äpfelsäure
30. 8. 18. 28. 8. 18. 28. 6. 18. 28. 8. 18. 28. 7. 17. 27. 6.
Sept. 1902 Okt. Nov. Dez. Jan. 03 Feb.

Fig. 4.

gänge setzen nicht erst im Stadium der Vollreife des Obstes ein, sondern können schon in früheren Reifestufen beobachtet werden und dauern mit wechselnder Intensität bis zum Verfall des Obstes fort.

Der Vorgang der **Alkoholgärung** geht nach der Gleichung

$$\underset{\text{Glukose}}{C_6H_{12}O_6} = 2\,\underset{\text{Äthylalkohol}}{C_2H_5OH} + 2\,CO_2 \quad \ldots\ldots \quad (6)$$

vor sich. Es wird dabei nicht direkt Alkohol aus Glukose gebildet, sondern es entstehen bei der Reaktion zahlreiche noch wenig studierte labile Zwischenkörper (Glyzerinaldehyd, Methylglyoxal, Dioxyazeton, Brenztraubensäure u. a.)[1]), so daß Gleichung (6) nur summarisch das Endergebnis darstellt. Die Alkoholgärung tritt in der Regel bei Luftabschluß oder doch gehindertem Luftzutritt auf.

Bei freiem Luftzutritt dagegen haben wir es im allgemeinen mit der Atmung zu tun, die nach den Gleichungen

$$\left.\begin{aligned}\underset{\text{Glukose}}{C_6H_{12}O_6} + 6\,O_2 &= 6\,CO_2 + 6\,H_2O \\ \underset{\text{Rohrzucker}}{C_{12}H_{22}O_{11}} + 12\,O_2 &= 12\,CO_2 + 11\,H_2O \\ \underset{\text{Stärke}}{C_6H_{10}O_5} + 6\,O_2 &= 6\,CO_2 + 5\,H_2O\end{aligned}\right\} \quad \ldots \quad (7)$$

vor sich geht. Auch diese Gleichungen stellen nur summarisch das Endergebnis dar. Aller Wahrscheinlichkeit nach findet keine direkte Oxydation der Kohlehydrate statt, sondern es werden die soeben erwähnten labilen Zwischenprodukte der Alkoholgärung bei genügendem Sauerstoffzutritt vollständig oxydiert bevor sich Alkohol gebildet hat. Die Stoffumwandlungen bei der Atmung verlaufen also in umgekehrter Richtung wie bei der Kohlenstoffassimilation [vgl. die Gleichungen (2)]; die Atmung ist eine oxydative Dissimilation, wobei die früher gebildeten organischen Verbindungen wieder in anorganische zurückverwandelt werden. Die Kette der Umwandlungen stellt also einen geschlossenen Kreis dar. Von allen eben erwähnten chemischen Umsetzungen, die den Reifungsprozeß ausmachen,

---

[1]) Vgl. **Palladin**, Über das Wesen der Pflanzenatmung, Biochemische Zeitschrift Bd. 18, Heft 1 u. 2, 1909, S. 151. **Neuberg**, Die Gärungsvorgänge und der Zuckerumsatz der Zelle, Verlag G. Fischer, Jena 1913, Sonderausgabe aus dem Handbuch der Biochemie, Ergänzungsband 1913, S. 569.

ist der Vorgang der Atmung für die Beurteilung der Aufbewahrungsdauer des Obstes der wichtigste. Die Bildung von Rohrzucker aus Stärke fällt im allgemeinen in die Zeit vor dem Eintreten der Vollreife, und auch die Umwandlung von Rohrzucker in Invertzucker fällt wenigstens zum Teil noch in diese Periode. Diese Vorgänge wirken im allgemeinen veredelnd auf die Frucht und erhöhen den Genußwert derselben, indem gleichzeitig das Aroma zur vollen Ausbildung gelangt und das Obst weich und süß wird. Demgegenüber werden bei der Atmung wertvolle organische Substanzen vernichtet. Die Atmung ist der einzige Vorgang, der sich auf die ganze Zeit der Reifung erstreckt, und es liegt daher nahe, die Intensität der Atmung als Maß der Reifungsgeschwindigkeit anzunehmen. Diese Annahme erscheint auch deswegen zweckmäßig, weil man die Atmungsintensität durch Messung der ausgehauchten Kohlensäuremenge bequem zahlenmäßig verfolgen kann. Wenn wir daher den Einfluß der äußeren Bedingungen bei der Aufbewahrung des Obstes auf den Verlauf der Reifungsvorgänge untersuchen wollen, so werden wir unsere Aufgabe wesentlich vereinfachen, wenn wir zunächst die Wirkung dieser äußeren Bedingungen auf die Atmungsintensität ins Auge fassen.

Die Atmungsgeschwindigkeit wird durch folgende Faktoren beeinflußt:

a) Die Temperatur. Mit wachsender Temperatur nimmt die Atmungsgeschwindigkeit rasch zu. Dieser Zusammenhang bildete bereits den Gegenstand zahlreicher Untersuchungen, auf die wir, mit Rücksicht auf die Wichtigkeit derselben für das Studium der Kaltlagerung von Obst, im folgenden zurückkommen werden.

b) Temperaturschwankungen tragen ebenfalls bedeutend zur Erhöhung der Atmungsgeschwindigkeit bei, wie aus den Versuchen von Palladin[2]) mit Bohnenkeimlingen hervorgeht.

c) Die Wirkung des Lichtes auf die Pflanzenatmung ist noch nicht genügend geklärt; die wenigen vorhandenen Angaben widersprechen sich, indem sich aus den einen eine stimulierende,

[1]) Vgl. Palladin, Pflanzenphysiologie, Verlag J. Springer, Berlin, 1911, S. 190 ff.

[2]) Palladin, Revue générale de botanique 1899, S. 241.

aus den anderen dagegen eine hemmende Wirkung des Lichtes herauskonstruieren läßt.

d) Die Konzentration der Nährlösung (Zuckerlösung) beeinflußt die Atmung sehr bedeutend. Die Übertragung von konzentrierter auf verdünnte Lösung bewirkt einen Aufschwung der Atmung, die Übertragung auf eine konzentriertere Lösung hat dagegen eine Abschwächung der Atmung zur Folge[1]).

e) Giftige Stoffe erhöhen die Atmungsintensität. Zu diesen Stoffen gehören auch verdünnte Lösungen von Alkoholen[2]), die, wie bereits hervorgehoben, bei der Zersetzung der Glukose unter gehindertem Luftzutritt entstehen.

f) Mechanische Reizwirkungen können die Atmungsenergie vorübergehend sehr bedeutend steigern. Hierzu gehören Schnitte, Quetschungen, Verletzungen der Haut u. a. Derartige mechanische Insulte kommen bei der Lagerung von Weichobst häufig vor (vgl. z. B. Abschnitt 7, Punkt VI).

B. Die Bildung und Umwandlung der Fruchtsäuren.

Die Rolle, welche die Umwandlungen der Fruchtsäuren beim Reifungsprozeß spielen, wurde früher vielfach unterschätzt. Man glaubte, daß sich der Säuregehalt nicht oder nur wenig verändert, und daß der süßere Geschmack des reifen Obstes lediglich auf eine Zunahme des Zuckergehaltes zurückzuführen ist. Dagegen darf es heute als erwiesen gelten, daß die Reifungsvorgänge im Obst mit einer dauernden Abnahme des Säuregehaltes verknüpft sind[3]); durch diese Abnahme wird die Frucht süßer und wohlschmeckender, doch darf der Säuregehalt nicht zu weit sinken, weil sonst die Frucht einen faden und nichtssagenden

---

[1]) Vgl. Kosinski, Pringsheims Jahrb. f. wiss. Botanik 1902, Bd. 34, S. 137, und Palladin und Komlew, Revue générale de botanique 1902.

[2]) Morkowin, Revue général de botanique 1899, Bd. 11, S. 289, und 1901, Bd. 13, S. 109.

[3]) Couverchel, Memoires sur la maturation des fruits, Ann. de phys. et de chim. Bd. XVI, 1831, S. 172; Mach, Weinlaube X, 1878, S. 370; Famintzin, Untersuchungen über das Reifen von Trauben, Ann. der Önologie Bd. II, S. 242; Beyer, Archiv d. Pharmazie und Bull. Soc. chim. Bd. VII, 2. Serie 1867, S. 192 (Versuche mit Johannisbeeren); R. Otto, Gartenflora 50, 1901, Heft 12, S. 318 und Proskauer Obstbauzeitung 1901, 6, S. 97; Kulisch a. a. O.

Geschmack erhält. Der höchste Geschmackswert bei der Vollreife tritt also bei einem mittleren Säuregehalt ein, dessen Unterschreitung bei längerer Lagerung einer Wertverminderung des Obstes gleichkommt. Bei der Verarbeitung des Obstes zu Konserven kann man sich allerdings durch Zusatz künstlicher Säuren behelfen.

Von großem Interesse ist nun die Frage, welcher Art die Säureumwandlungen sind, und welche Körper beim Verschwinden der Säuren entstehen. Es wurde schon seit längerer Zeit vermutet, daß sich die Säure in Zucker verwandelt. Petit[1]) hat als erster diese Hypothese durch ernste Argumente gestützt. Die Entstehung der Fruchtsäuren schreibt er der Wirkung des bei der Kohlenstoffassimilation frei werdenden aktiven Sauerstoffs auf die bereits gebildeten Kohlehydrate zu (vgl. S. 16), was durch folgende Gleichungen dargestellt werden kann:

$$\left.\begin{array}{l} \underset{\text{Stärke, Zellulose}}{2\,C_6H_{10}O_5} + 7\,O_2 = \underset{\text{Weinsäure}}{2\,C_4H_6O_6} + 4\,CO_2 + 4\,H_2O \\ C_6H_{10}O_5 + 3\,O_2 = \underset{\text{Apfelsäure}}{C_4H_6O_5} + 2\,CO_2 + 2\,H_2O \\ 4\,C_6H_{10}O_5 + 15\,O_2 = \underset{\text{Zitronensäure}}{2\,C_6H_8O_7} + 12\,CO_2 + 12\,H_2O \end{array}\right\} \quad . \; . \; (8).$$

An dieser Annahme der Entstehung der organischen Säuren durch teilweise Oxydation der Kohlehydrate wird auch heute noch festgehalten[2]). In den späteren Reifestadien nimmt Petit eine anaerobe Umwandlung der Apfelsäure in Zucker an, die nach der Gleichung

$$\underset{\text{Apfelsäure}}{2\,C_4H_6O_5} = \underset{\text{Glukose}}{C_6H_{12}O_6} + 2\,CO_2 \; . \; . \; . \; . \; . \; . \quad (9a)$$

vor sich geht. Analog könnte man für die Zitronensäure und Weinsäure schreiben

$$\underset{\text{Zitronensäure}}{4\,C_6H_8O_7} = \underset{\text{Glukose}}{3\,C_6H_{12}O_6} + 6\,CO_2 - 2\,H_2O \; . \; . \quad (9b)$$

und

$$\underset{\text{Weinsäure}}{12\,C_4H_6O_6} = \underset{\text{Glukose}}{5\,C_6H_{12}O_6} + 18\,CO_2 - 6\,H_2O \; . \; . \quad (9c).$$

---

[1]) Petit, De la disparition des acides du raisin et de leur transformation en sucre, C. R. Bd. LXI, 1869, S. 760; Sur le sucre contenu dans les feuilles de vigne, C. R. Bd. LXXVII, 1873, S. 944.

[2]) Palladin, Pflanzenphysiologie, Berlin 1911, S. 176.

Nimmt man als Kohlehydrat an Stelle von Glukose Zellulose (bzw. Stärke, Glykogen oder Dextrine) an, so erhalten die 3 Gleichungen (9) die Form

$$\underset{\text{Apfelsäure}}{2\,C_4H_6O_5} = \underset{\text{Zellulose}}{C_6H_{10}O_5} + 2\,CO_2 + H_2O \quad . . \quad (10a),$$

$$\underset{\text{Zitronensäure}}{4\,C_6H_8O_7} = \underset{\text{Zellulose}}{3\,C_6H_{10}O_5} + 6\,CO_2 + H_2O \quad . . \quad (10b),$$

$$\underset{\text{Weinsäure}}{12\,C_4H_6O_6} = \underset{\text{Zellulose}}{5\,C_6H_{10}O_5} + 18\,CO_2 + 11\,H_2O \quad . \quad (10c).$$

Das Zustandekommen der Reaktionen (9) und (10) kann man nur durch die Wirkung von Fermenten erklären. Es wird dabei Kohlensäure gebildet, ohne daß Sauerstoff verbraucht wird, wie es auch bei der Alkoholgärung, Gleichung (6), der Fall war. Dieser Verlauf der Reaktion, wie er von Petit angegeben wurde, stellte also den einen extremen Fall dar. Der andere diametral entgegengesetzte extreme Fall wäre der einer Spaltung der Säuren durch vollständige Oxydation unter dem Einfluß des Luftsauerstoffes, also eines Atmungsprozesses, wie wir ihn für die Kohlehydrate durch die Gleichung (7) dargestellt haben. Die entsprechenden Gleichungen für die organischen Säuren würden lauten:

$$\underset{\text{Apfelsäure}}{C_4H_6O_5} + 3\,O_2 = 4\,CO_2 + 3\,H_2O \quad . . . \quad (11a),$$

$$\underset{\text{Zitronensäure}}{2\,C_6H_8O_7} + 9\,O_2 = 12\,CO_2 + 8\,H_2O \quad . . . \quad (11b),$$

$$\underset{\text{Weinsäure}}{2\,C_4H_6O_6} + 5\,O_2 = 8\,CO_2 + 6\,H_2O \quad . . . \quad (11c).$$

Das Verschwinden der Säuren durch vollständige Verbrennung nach Maßgabe der Gleichungen (11) wurde von Saintpierre und Magnien[1]) angenommen.

Außer diesen beiden extremen Möglichkeiten, der anaeroben Spaltung und der vollständigen Verbrennung, kann das Verschwinden der Säuren auch nach der unendlichen Anzahl von Reaktionen vor sich gehen, die sich aus der Kombination der Gleichungen (9) bzw. (10) und (11) ergeben. Multipliziert man z. B. die Gleichung (10a) mit der ganzen Zahl *m* und die Gleichung (11a) mit der ganzen Zahl *n* und addiert die Gleichungen,

---

[1]) Saintpierre und Magnien, Recherches expérimentale sur la maturation du raisin, Annales agronomiques, Bd. IV, 1878, S. 161.

so erhält man für den allgemeinen Fall des Verschwindens der Apfelsäure durch partielle Oxydation unter Bildung von Kohlehydraten die Beziehung

$$(2m + n)\underset{\text{Apfelsäure}}{C_4H_6O_5} + 3n\,O_2 = m\underset{\text{Zellulose}}{C_6H_{10}O_5} + (2m + 4n)\,CO_2 + (m + 3n)\,H_2O \quad \ldots\ldots\ (12).$$

Gibt man in dieser Gleichung den ganzen Zahlen m und n Werte, die zwischen 0 und ∞ liegen, so erhält man ein zweifach unendliches Kontinuum von Reaktionen, in welchem alle Möglichkeiten enthalten sind. Aus der Gleichung (12) lassen sich nun die Werte von m und n für verschiedene Obstsorten bzw. Fruchtsäuren feststellen, indem man einerseits den sog. Atmungskoeffizienten, das ist das Verhältnis $\frac{CO_2}{O_2}$ und anderseits das Verhältnis der verschwundenen Säure zu dem gebildeten Kohlehydrat experimentell bestimmt. Man erhält dann 2 Gleichungen

$$\frac{CO_2}{O_2} = \frac{2m + 4n}{3n} \text{ und } \frac{C_4H_6O_5}{C_6H_{10}O_5} = \frac{2m + n}{m} \quad \ldots\ (13),$$

aus denen sich die zugehörigen Werte von m und n ermitteln lassen.

Auf diesem Wege stellte Gerber[1]), dem wir eine ausgezeichnete und sehr ausführliche Untersuchung über die Säureumwandlungen im Obst verdanken, diejenigen Gleichungen fest, nach denen die Reaktionen aller Wahrscheinlichkeit nach vor sich gehen. Für Apfelsäure gibt Gerber die Gleichung:

$$9\underset{\text{Apfelsäure}}{C_4H_6O_5} + 15\,O_2 = 2\,C_6H_{10}O_5 + 24\,CO_2 + 17\,H_2O\,. \quad (14a),$$

die sich aus der Kombination der Gleichungen (10a) und (11a) nach dem Schema der Gleichung (12) ergibt, wenn man darin $m = 2$ und $n = 5$ setzt.

Für Zitronensäure gilt nach Gerber die Beziehung

$$6\underset{\text{Zitronensäure}}{C_6H_8O_7} + 15\,O_2 = 2\,C_6H_{10}O_5 + 24\,CO_2 + 14\,H_2O\,. \quad (14b),$$

die man auf ähnlichem Wege aus den Gleichungen (10b) und (11b) mit $m = 2$ und $n = 5$ erhält.

---

[1]) C. Gerber, Maturation des fruits charnus, Annales des sciences naturelles, 8. Serie (Botanique), Bd. IV, S. 1 bis 280.

Für Weinsäure führten schließlich die Untersuchungen Gerbers auf die Gleichung

$$\underset{\text{Weinsäure}}{4\,C_4H_6O_6} + 4\,O_2 = C_6H_{10}O_5 + 10\,CO_2 + 7\,H_2O\,. \quad (14c),$$

die man aus den Gleichungen (10c) und (11c) mit $m = 1$ und $n = 4$ erhalten kann.

Die tatsächlichen Atmungsvorgänge in den Früchten ergeben sich durch Superposition der Gleichungen (14) für die Veratmung der organischen Säuren mit den Gleichungen (7) für die Veratmung der Kohlehydrate.

Die Ansicht Gerbers, daß es sich bei den Säureumwandlungen um eine partielle Oxydation unter Bildung von Kohlehydraten handelt, wurde schon von Mercadante[1]) ausgesprochen, der auf Grund seiner analytischen Untersuchungen von Pflaumen zu dem Ergebnis gelangte, daß die Mengen der ausgehauchten Kohlensäure, des gebildeten Zuckers und der verbrauchten Säure in einem ziemlich konstanten Verhältnis stehen. Seine Endgleichungen weichen allerdings quantitativ von denjenigen Gerbers (14) ab. Er findet für Apfelsäure die Beziehung:

$$\underset{\text{Apfelsäure}}{3\,C_4H_6O_5} + 3\,O_2 = \underset{\text{Glukose}}{C_6H_{12}O_6} + 6\,CO_2 + 3\,H_2O$$

die sich aus der Kombination der Gleichungen (9a) und (11a) nach dem Schema (12) mit $m = 1$ und $n = 1$ ergibt. Für Weinsäure gibt Mercadante die Gleichung

$$\underset{\text{Weinsäure}}{6\,C_4H_6O_6} + 3\,O_2 = 2\,C_6H_{12}O_6 + 12\,CO_2 + 6\,H_2O,$$

welche man aus den Gleichungen (9c) und (11c) nach dem gleichen Schema mit $m = 2$ und $n = 3$ erhalten kann.

Fassen wir die vorstehenden Versuchsergebnisse zusammen, so können wir mit einem hohen Grade von Wahrscheinlichkeit annehmen, daß das Verschwinden der Fruchtsäuren bei längerer Lagerung auf einen Atmungsprozeß zurückzuführen ist, welcher neben der Veratmung der Kohlehydrate vor sich geht. Auch die Ergebnisse der neueren Untersuchungen von Bigelow, Gore und Howard mit Äpfeln sind geeignet, diese Annahme zu bestätigen[2]).

---

[1]) Mercadante, Über die Bildung von Zucker im Obst, Gazzetta chimica italiana, 5. Serie, 1875, S. 125.

[2]) A. a. O. S. 42.

Wir erkennen also, daß die Messung der Atmungsintensität bzw. der in der Zeiteinheit ausgehauchten Kohlensäuremenge sowohl dem Abbau der Kohlehydrate [Gleichung (7)] wie auch dem Verschwinden der Säuren [Gleichung (14)] Rechnung trägt, und daß infolgedessen die Atmungsintensität wohl geeignet ist, als Maß der Reifungsgeschwindigkeit zu dienen.

Der bequemeren Übersicht wegen sind die in diesem Abschnitt kurz skizzierten Hauptreaktionen der Reifung in folgender Tabelle zusammengestellt.

4. Der Einfluß der Temperatur auf die Reifungsgeschwindigkeit.

Als man die ersten Schritte auf dem Gebiete der Kaltlagerung von Obst machte, begnügte man sich mit verhältnismäßig hohen Temperaturen, von etwa $+8$ bis $+10^0$. Allmählich erkannte man jedoch, daß man durch weitere Herabsenkung der Temperatur eine längere Konservierungsdauer erzielen kann; man versuchte es daher zunächst mit $+4$ bis $+5^0$ und gelangte schließlich zu Temperaturen in unmittelbarer Nähe von Null Grad. In jüngster Zeit werden sogar vielfach Temperaturen von etwas unterhalb Null Grad angewendet, ohne daß ein Gefrieren des Obstes eintritt, da einerseits der Gefrierpunkt der meisten Früchte mehrere Grade unter Null liegt und anderseits die Temperatur der Früchte, wie wir sehen werden, immer etwas höher ist als die der umgebenden Luft.

Wenn wir den Einfluß der Temperatur auf die Reifungsgeschwindigkeit verschiedener Obstsorten verfolgen wollen, so müssen wir vor allem ein bequemes Maß für die Reifungsgeschwindigkeit besitzen. Als solche können wir nach dem Vorhergesagten die Atmungsgeschwindigkeit (physiologische Aktivität) bzw. die in der Zeiteinheit von der Gewichtseinheit des Obstes entwickelte Kohlensäuremenge betrachten, die einer direkten Messung zugänglich ist. Wir wollen diese Kohlensäuremenge im folgenden mit y bezeichnen, und zwar in Milligramm pro kg der betrachteten Obstsorte und Stunde. Die Größe y ist dann nach Seite 22 eine Funktion der Temperatur t, aber bei gegebener Temperatur (z. B. 0^0) eine für jede Obstsorte charakteristische Größe, welche die Geschwindigkeit des Reifungsvorganges kennzeichnet.

Schematische Darstellung der chemischen Vorgänge beim Wachsen und Reifen des Obstes.

Vorgang	Wirkender Faktor	Reaktion
1. Bildung organischer Stoffe aus anorganischen (Assimilation)	Chlorophyll und Sonnenlicht	$CO_2 + H_2O = \underset{\text{Formaldehyd}}{CH_2O} + \underset{\text{aktiver Sauerstoff}}{O_2}$
2. Bildung der Zuckerarten durch Polymerisation und Wasserabspaltung	Zelltätigkeit des Protoplasmas	$6\,CH_2O = \underset{\text{Glukose}}{C_6H_{12}O_6}$ $6\,CH_2O - H_2O = \underset{\text{Stärke, Zellulose}}{C_6H_{10}O_5}$ $12\,CH_2O - H_2O = \underset{\text{Rohrzucker}}{C_{12}H_{22}O_{11}}$ $6\,CO_2 + 5\,H_2O = C_6H_{10}O_5 + 6\,O_2$ $6\,CO_2 + 6\,H_2O = C_6H_{12}O_6 + 6\,O_2$ $12\,CO_2 + 11\,H_2O = C_{12}H_{22}O_{11} + 12\,O_2$
3. Bildung organischer Säuren durch partielle Oxydation der Kohlehydrate	Oxydatives Ferment	$C_6H_{10}O_5 + 3\,O_2 = \underset{\text{Apfelsäure}}{C_4H_6O_5} + 2\,CO_2 + 2\,H_2O$ $4\,C_6H_{10}O_5 + 15\,O_2 = \underset{\text{Zitronensäure}}{2\,C_6H_8O_7} + 12\,CO_2 + 12\,H_2O$ $\underset{\text{Stärke}}{2\,C_6H_{10}O_5} + 7\,O_2 = \underset{\text{Weinsäure}}{2\,C_4H_6O_6} + 4\,CO_2 + 4\,H_2O$
4. Umwandlung d. Stärke in Zucker	Hydrolytisches Ferment (Diastase)	$\underset{\text{Stärke}}{C_6H_{10}O_5} + H_2O = \underset{\text{Glukose}}{C_6H_{12}O_6}$ $\underset{\text{Stärke}}{2\,C_6H_{10}O_5} + H_2O = \underset{\text{Rohrzucker}}{C_{12}H_{22}O_{11}}$
5. Spaltung des Rohrzuckers (Inversion)	Hydrolytisches Ferment (Invertin)	$\underset{\text{Rohrzucker}}{C_{12}H_{22}O_{11}} + H_2O = \underbrace{\underset{\text{Glukose}}{C_6H_{12}O_6} + \underset{\text{Fruktose}}{C_6H_{12}O_6}}_{\text{Invertzucker}}$
6. Partielle Oxydation der organisch. Säuren unter Bildung von Kohlehydraten (Atmung)	Oxydatives Ferment	$\underset{\text{Apfelsäure}}{9\,C_4H_6O_5} + 15\,O_2 = 2\,C_6H_{10}O_5 + 24\,CO_2 + 17\,H_2O$ $\underset{\text{Zitronensäure}}{6\,C_6H_8O_7} + 15\,O_2 = 2\,C_6H_{10}O_5 + 24\,CO_2 + 14\,H_2O$ $\underset{\text{Weinsäure}}{4\,C_4H_6O_6} + 4\,O_2 = C_6H_{10}O_5 + 10\,CO_2 + 7\,H_2O$
7. Vollständige Oxydation d. Kohlehydrate, Rückbildung anorganischer Stoffe aus organischen (Atmung)	Oxydative Fermente (Peroxydase und Oxygenasen)	$\underset{\text{Glukose}}{C_6H_{12}O_6} + 6\,O_2 = 6\,CO_2 + 6\,H_2O$ $\underset{\text{Rohrzucker}}{C_{12}H_{22}O_{11}} + 12\,O_2 = 12\,CO_2 + 11\,H_2O$ $\underset{\text{Stärke}}{C_6H_{10}O_5} + 6\,O_2 = 6\,CO_2 + 5\,H_2O$
8. Alkoholgärung	Anaerobes Ferment (Zymase)	$\underset{\text{Glukose}}{C_6H_{12}O_6} = \underset{\text{Äthylalkohol}}{2\,C_2H_5OH} + 2\,CO_2$

Bei Pflanzen war der Einfluß der Temperatur auf den Atmungsvorgang bereits Gegenstand zahlreicher Untersuchungen; eine Übersicht der älteren Arbeiten bis zum Jahre 1905 findet man in dem bekannten Werk von Czapek[1]). Es geht daraus hervor, daß mit wachsender Temperatur sowohl die Menge des von den Pflanzen absorbierten Sauerstoffs wie auch der ausgeschiedenen Kohlensäure rasch zunimmt. Schon Van't Hoff[2]) gab für die Atmungsgeschwindigkeit die empirische Regel an, daß sie für jede Temperaturerhöhung von 10° um das 2- bis 3fache zunimmt. In den späteren Arbeiten findet man einige Widersprüche in der quantitativen Formulierung der Abhängigkeit der Atmungsgeschwindigkeit von der Temperatur. Während einige Autoren[3]) ein lineares Gesetz annehmen, wurde durch eingehende Messung anderer Forscher der Nachweis erbracht, daß die Atmungsgeschwindigkeit mit wachsender Temperatur bedeutend schneller zunimmt. So zeigte Pedersen[4]), daß sich diese Gesetzmäßigkeit aus den Versuchen mit Bohnenkeimlingen von Rischawi ableiten läßt. Das gleiche Ergebnis lieferten eigene Versuche Pedersens[4]) über die CO_2-Abgabe beim Keimen der Gerste. Eine weitere Bestätigung dieses Befundes lieferte Kreusler[5]) bei seinen Versuchen mit einem Sproß von Rubus (Brombeerstrauch) im Temperaturbereich von + 2,3° bis + 46,4° C. Sehr ausführliche Messungen unternahm Clausen[6]) mit Weizenkeimlingen, Lupinenkeimlingen und Fliederblüten. Auch er fand, daß die CO_2Abgabe- schneller als proportional mit der Temperatur wächst. Bei hohen Temperaturen flacht sich die Kurve aber wieder ab und erreicht in der Gegend

---

[1]) Czapek, Biochemie der Pflanzen 1905, 2, S. 397.

[2]) Van't Hoff, Études de dynamique chimique 1883.

[3]) Ad. Mayer und Wolkoff, Landw. Jahrb. 1874, S. 506. Mayer, Landw. Versuchsstationen Bd. XIX, S. 340. Rischawi, Botan. Jahresbericht 1877, S. 721. Palladin, Pflanzenphysiologie 1911, S. 190. Palladin schreibt, daß die Atmungsgeschwindigkeit beinahe proportional den Wärmegraden ist; danach müßte für $t = 0$ auch $y = 0$ werden, was sicher nicht zutrifft; die Pflanzen atmen bei Null Grad noch ziemlich intensiv, was wohl damit zusammenhängt, daß der Gefrierpunkt der meisten Pflanzen weit unterhalb Null Grad liegt. (Vgl. z. B. Clausen, Landw. Jahrb. 1890, 19, S. 893.)

[4]) Pedersen, Mitt. aus dem Carlsberg-Laboratorium 1878, S. 59.

[5]) Kreusler, Landw. Jahrbücher Bd. 16, S. 711.

[6]) Clausen, Landw. Jahrb. 19, 1890, S. 893.

von 40° ein Maximum; bei etwa 50° tritt der Tod der Pflanzen auf. Bei tiefen Temperaturen steigt die Atmungsgeschwindigkeit um das 2,5fache für 10° Temperaturerhöhung. Neuere Arbeiten stammen von Miss Matthaei[1]), Knijper[2]) und Blackmann[3]).

Dagegen wurden die Atmungsvorgänge in Früchten bis vor kurzem quantitativ nur unvollkommen studiert: Gerber[4]) zeigte, daß die Intensität der Atmung mit zunehmender Temperatur stark ansteigt. Bigelow, Gore und Howard[5]) fanden bei Äpfeln, die bei gewöhnlicher Temperatur lagerten, eine viel stärkere Kohlensäureentwicklung als im Kühlraum von 0°, und Morse[6]) gibt an, daß bei Äpfeln der Atmungsvorgang in „Sommertemperaturen" 4- bis 6mal schneller vor sich geht als in Kühlräumen.

Eine eingehende quantitative Untersuchung des Atmungsvorganges verschiedener Obstsorten bei verschiedenen Temperaturen lieferte erst Gore[7]) im Jahre 1911. Es wurde dabei die entwickelte Kohlensäuremenge bei Beeren-, Kern- und Steinobst gemessen. Die Temperatur konnte zwischen 0 und 35° verändert werden, blieb aber bei jedem einzelnen Versuch konstant. Trägt man die gemessenen Werte der ausgeschiedenen Kohlensäure y über den zugehörigen Temperaturen t auf, so erhält man für alle untersuchten Obstsorten ähnlich verlaufende Kurven von exponentieller Form. Trägt man dagegen die Logarithmen der die Reifungsgeschwindigkeit messenden Größe y über der Temperatur auf, so erhält man eine Schar nahezu parallel verlaufender gerader Linien. Die Gleichungen dieser Linien können in der Form

$$\log y = \log y_0 + at \quad \dots\dots\dots (1)$$

---

1) Matthaei, Philos. Trans. of the Royal Society, London 1905 (B), 197, S. 65.

2) Knijper, Kon. Akad. van Weten. Amsterdam 1909, 12 (1), S. 219, und Recueil des Travaux Botan. Néerlandais 1910, 7, S. 131.

3) Blackmann, Annals of Botany 1915, 19, S. 281, und Nature 1908, 78, S. 556.

4) Gerber a. a. O.

5) Bigelow, Gore und Howard a. a. O.

6) Morse, Journ. Amer. Chem. Soc. 1908, 30, S. 876.

7) Gore, U. S. Dept. Agr. Bureau of Chemistry, Bull. 142, 1911, „Studies on Fruit Respiration".

geschrieben werden, wobei y_0 eine für jedes Obst charakteristische Konstante ist, welche ein Maß für die Reifungsgeschwindigkeit bei 0° darstellt, während der Größe a, nach den Versuchen von Gore, eine universellere Bedeutung beizumessen ist. Es wurden für die verschiedenen Obstsorten wenig abweichende Werte der Größe a gefunden. Als wahrscheinlichster Mittelwert wird

$$a = 0{,}0376 \pm 0{,}00044 \quad \ldots\ldots\ldots \quad (2)$$

angegeben, wobei in Gleichung (1) der gewöhnliche Logarithmus (Basis 10) zu nehmen ist.

Die durch Gleichung (1) ausgesprochene Gesetzmäßigkeit ist sehr beachtenswert. Es ergibt sich aus derselben, daß das Verhältnis der physiologischen Aktivität bei 2 gegebenen Temperaturen für alle Obstsorten das gleiche ist. In der Tat, bezeichnen wir mit y_1 und y_2 die ausgeschiedenen Kohlensäuremengen bei den Temperaturen t_1 und t_2, so folgt aus (1):

$$\frac{y_1}{y_2} = 10^{a(t_1 - t_2)} \quad \ldots\ldots\ldots \quad (3).$$

Das Verhältnis ist also unabhängig von der für jede einzelne Obstsorte charakteristischen Größe y_0 und nur abhängig von der universellen Konstante a. Für eine Temperaturzunahme von $t_1 - t_2 = 10^0$ erhält man z. B. mit Gleichung (2)

$$\frac{y_1}{y_2} = 10^{0{,}376 \pm 0{,}0044} = 2{,}377 \pm 0{,}024 \quad \ldots\ldots \quad (4).$$

Dieser Wert liegt innerhalb der von Van't Hoff (a. a. O.) angegebenen Grenzen (2 bis 3) für die Zunahme der Atmungsgeschwindigkeit von Pflanzen bei einer Temperaturerhöhung um 10° und zeigt auch eine sehr befriedigende Übereinstimmung mit der von Clausen (a. a. O.) gefundenen Zahl (rd. 2,5).

Aus Gleichung (1) folgt auch

$$\log \frac{y}{y_0} = at.$$

Trägt man das Verhältnis $\frac{y}{y_0}$ über der Lagertemperatur t auf, so erhält man die in Fig. 5 wiedergegebene Kurve. Aus dem Verlauf der Kurve erkennt man, in welchem Maße die Reifungsgeschwindigkeit zunimmt, wenn die Temperatur von 0° abweicht. Man findet z. B., daß die Reifungsgeschwindigkeit bei 8° doppelt und bei 16° viermal so groß ist wie bei 0°.

Buison[1]) teilt mit, daß der Reifungsprozeß bei $+2^0$ vier- bis fünfmal so langsam vor sich geht, wie bei gewöhnlicher Zimmertemperatur. Diese Angabe steht ebenfalls im Einklang mit

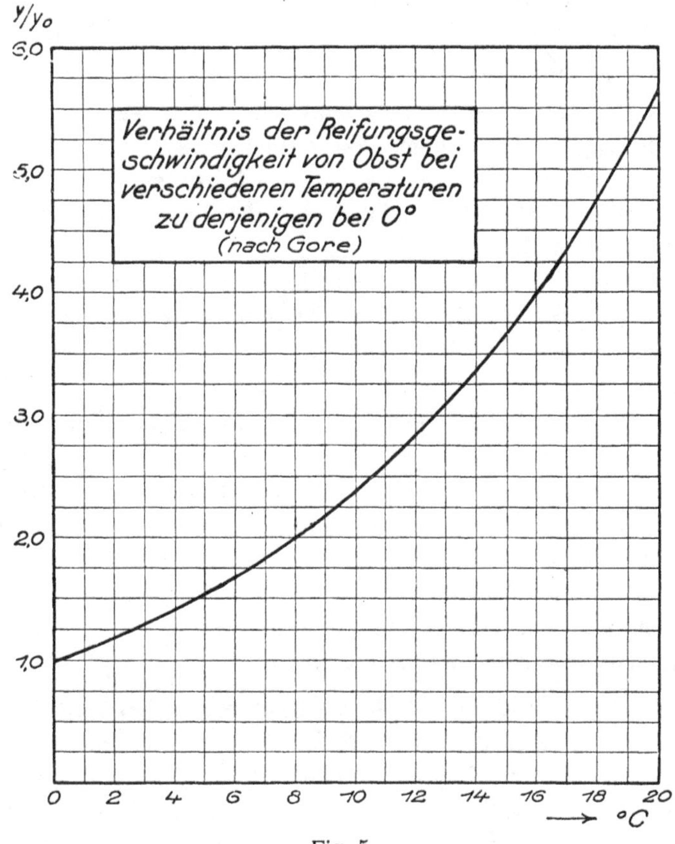

Fig. 5.

der durch Gleichung (1) bzw. (3) dargestellten Gesetzmäßigkeit. Setzt man in Gleichung (3) $t_2 = +2^0$, so erhält man für $\frac{y_1}{y_2} = 4$ den Wert $t_1 = 18^0$ und für $\frac{y_1}{y_2} = 5$ den Wert $t_1 = 20{,}6$. Diese Werte von t_1 entsprechen der gewöhnlichen Zimmertemperatur.

---

1) „De l'emploi de froid dans la conservation des fruits", Zeitschrift L'Industrie frigorifique 1912, S. 165 (aus Revue horticole).

Durch die zahlreichen Versuche von Gore dürfte der Nachweis als erbracht gelten, daß von einem linearen Zusammenhang zwischen der Atmungsgeschwindigkeit und der Temperatur nicht die Rede sein kann; die Kurve steigt bedeutend rascher an und hat den von Pedersen, Kreusler und Clausen angegebenen Charakter.

In nachstehender Tabelle sind die von Gore für a und y_0 in Gleichung (1) gefundenen Werte für sämtliche von ihm untersuchte Obstsorten wiedergegeben. Wir erkennen aus dieser Zusammenstellung, daß der Wert a in der Tat nur wenig um den angegebenen Mittelwert, Gleichung (2), schwankt, daß dagegen y_0 sehr bedeutende Unterschiede aufweist. Die größten Werte ergeben sich für die Beerenfrüchte; Ausnahmen bilden nur rote Johannisbeeren und Weintrauben. Mittelgroße Werte erhält man für Steinobst (Pfirsiche, Pflaumen), noch kleinere Werte für Kernobst (Äpfel, Birnen) und schließlich die kleinsten Werte für Zitrusfrüchte (Apfelsinen und Zitronen). Sommeräpfel atmen merklich schneller als Winteräpfel. Je größer die Werte von y_0 ausfallen, um so schneller geht der Reifungsprozeß vor sich und um so kürzere Zeit wird sich das Obst im frischen Zustand erhalten lassen. Alle in der Tabelle enthaltenen Werte beziehen sich auf vollkommen gesundes Obst, welches vor den Versuchen sorgfältig aussortiert wurde.

Bei den Pfirsichen der Sorte Carman wurden vergleichende Versuche bei verschiedenen Reifezuständen vorgenommen; es zeigte sich, daß die harten grünen Früchte bedeutend weniger Kohlensäure entwickelten (6,6) als die reifen (10,9). Dagegen konnte bei Dover-Pfirsichen in verschiedenen Reifestadien keine nennenswerte Veränderung der Atmungsgeschwindigkeit beobachtet werden.

Aus den vorstehenden Untersuchungen erkennt man, welchen großen Einfluß die Temperatur auf die Reifungsgeschwindigkeit des Obstes ausübt. Die Vorteile, welche man von einer Aufbewahrung in kühlen Räumen erwarten darf, liegen daher klar auf der Hand. Im allgemeinen wird man sagen können, daß die Aufbewahrungsmöglichkeit um so länger sein wird, je näher die Temperatur an 0^0 heranrückt. Die Vergleichsversuche mit Äpfeln,

Obstart	log y_0	y_0 in mg pro kg Obst und Stunde	a
Erdbeeren:			
Martins New Queen	1,240	17,4	0,0366
Gandy	1,250	17,8	0,0365
Schwarze Himbeeren: Kansas (im Mittel)	1,375	23,7	0,0382
Rote Himbeeren: Cuthbert	1,310	20,4	0,0384
Brombeeren:			
Eldorado (im Mittel)	1,490	30,9	0,0299
Wild	1,320	20,9	0,0390
Rote Johannisbeeren: Fay (im Mittel)	0,699	5,0	0,0340
Schwarze Johannisbeeren: (Im Mittel)	1,070	11,75	0,0344
Heidelbeeren (amerikanische):			
Gaylusaccia baccata	1,055	11,4	0,0302
Pfirsiche:			
Carman (hart-grün)	0,818	6,6	0,0461
Carman (reif, im Mittel)	1,037	10,9	0,0375
Hiley	0,895	7,9	0,0402
Champion	0,800	6,3	0,0440
Connett	0,971	9,35	0,0358
Elberta	0,920	8,3	0,0357
Pflaumen:			
Wragg	0,810	6,5	0,0381
Goff	0,655	4,5	0,0438
Damson	0,610	4,1	0,0397
Birnen:			
Seckel	0,455	2,9	0,0348
Kieffer	0,510	3,2	0,0350
Äpfel:			
Jefferis	0,798	6,3	0,0314
Sommer Parmäne	0,825	6,7	0,0322
Gelber Bellefleur	0,770	5,9	0,0310
Rote Parmäne	0,630	4,3	0,0333
Missouri Pippin	0,660	4,6	0,0380
Weintrauben:			
James	0,580	3,8	0,0349
Delavare	0,780	6,0	0,0337
Concord	0,810	6,5	0,0393
Niagara	0,695	5,0	0,0408
Catawba	0,550	3,5	0,0437
Flame Tokay (im Mittel)	0,477	3,0	0,0367
Schwarzer Cornichon	0,500	3,2	0,0383
Almeria	0,185	1,5	0,0505
Apfelsinen: Valencia (späte)	0,265	1,8	0,0375
Zitronen:			
Eureka (grün)	0,180	1,5	0,0381
Eureka (gelb)	0,270	1,9	0,0341
Annanas: Smooth Cayenne (im Mittel)	0,484	3,05	0,0419
Mango: Turpentine	0,886	7,7	0,0430
Japanische Dattelpflaume:			
Tane-nashi	0,390	2,5	0,0450
Hachiya	0,585	3,8	0,0358

von Bigelow, Gore und Howard[1]) haben ergeben, daß man bei der Kaltlagerung die gleichen Veränderungen in der chemischen Zusammensetzung der Früchte (Stärke, Zucker, Säuren) erhält, wie bei der Aufbewahrung in nicht gekühlten Räumen; der einzige Unterschied besteht nur darin, daß diese Veränderungen in den Kühlräumen bedeutend langsamer vor sich gehen. Die Kühlung bewirkt also nur eine Verlangsamung und nicht eine Unterbrechung der Lebensprozesse. Es hat jedoch den Anschein, als gelte diese Regel nicht ohne Ausnahmen. So teilt z. B. Schmitz-Hübsch[2]) mit, daß gewisse Sorten Winterbirnen, welche nach der Ernte sehr kalt (bei + 1 bis + 2°) gelagert wurden, ihre Vollreife überhaupt nicht erreichten, sondern grün und rübenartig blieben. Bei einem Winterapfel, der Goldparmäne, traten im Kühlraum schon vor Weihnachten braune Flecken auf, und wenige Wochen danach waren die Früchte ganz verdorben[3]).

Ein Nachteil der Kaltlagerung, der sich bei den verschiedenen Obstsorten verschieden stark bemerkbar macht, darf nicht verschwiegen werden; das ist das allmähliche Schwinden des Aromas. Die flüchtigen Säuren und Alkohole, die das Aroma der Früchte verursachen, verdunsten sehr leicht, was bei den feineren Obstsorten besonders nachteilig empfunden wird, bei dem einfachen

---

[1]) A. a. O. S. 39; Gore, Ber. des II. intern. Kälte-Kongresses Wien 1908, Bd. II, S. 348, und Bigelow und Gore, Studies on Peaches, U. S. Dept. of Agriculture, Bur. of Chemistry, Bull. Nr. 97.

[2]) Schmitz-Hübsch, Deutsche Obstbauzeitung 1911, Heft 10.

[3]) Vgl. auch L. Wöpke, Deutsche Obstbauzeitung 1915, Heft 12, S. 189 ff. Ein schädlicher Einfluß tiefer, aber noch über dem Nullpunkt liegender Temperaturen ist auch bei einigen Pflanzen beobachtet worden. Vgl. Molisch, „Untersuchungen über das Erfrieren von Pflanzen" (Jena 1897, Verlag G. Fischer). Es wird in dieser Arbeit versucht, eine Erklärung für diese Erscheinung zu geben: In jedem pflanzlichen Organ verlaufen chemische Vorgänge, die so miteinander gekoppelt sind, daß der eine das liefert, was der andere verbraucht. Ändert sich nun die Geschwindigkeit, mit welcher diese Reaktionen verlaufen, mit fallender Temperatur in verschiedenem Maße, so muß das Gleichgewicht gestört und die normale Entwicklung gefährdet werden. Auf diese Weise erklärt sich z. B. das Süßwerden der Kartoffeln bei Temperaturen knapp über Null Grad; in den Kartoffeln entsteht aus der Stärke Zucker und dieser wird durch Veratmung verbraucht; sinkt nun die Temperatur, so nehmen Zuckerbildung und Atmung nicht mit gleicher Intensität ab, und zwar die Zuckerbildung viel langsamer als die Atmung.

Wirtschaftsobst aber eher in Kauf genommen werden kann. Es lassen sich übrigens Mittel und Wege finden, die eine längere Erhaltung des Aromas verbürgen; schon das Einwickeln der einzelnen Früchte in Papier wirkt in dieser Beziehung günstig. Noch bessere Resultate erhält man naturgemäß durch luftdichte Umhüllungen, die man dadurch erreichen kann, daß man die Früchte in leicht erstarrende Flüssigkeiten eintaucht; als solche sind vorgeschlagen[1]): verflüssigtes Paraffin und eine konzentrierte Lösung von Gummiarabikum mit 1% Kupfersulphat. Es dürfte sich empfehlen, diesbezügliche Versuche auch mit der Jelamasse vorzunehmen, die sich bei anderen Lebensmitteln sehr gut bewährt hat[2]).

5. Die Durchkühlungsgeschwindigkeit des Obstes in Kühlräumen und die Ursache der bleibenden Temperaturdifferenz.

Die bisherigen Erfahrungen führen übereinstimmend zu dem Ergebnis, daß es im Interesse einer längeren Konservierungsdauer des frischen Obstes notwendig ist, das Obst möglichst bald nach dem Pflücken in den Kühlraum zu bringen. Aus dem gleichen Grunde ist es wünschenswert, daß die Früchte im Kühlraum möglichst rasch durchkühlen. Diese Durchkühlungsgeschwindigkeit hängt von den Dimensionen und der Wärmeleitungsfähigkeit der Früchte, der Verpackung (Verpackungsmaterial und Schutthöhe) sowie von der Luftbewegung an den Früchten ab. Von diesen Faktoren sind die beiden ersten als festliegend anzusehen, so daß wir nur durch entsprechende Wahl der beiden letzten die Durchkühlungsgeschwindigkeit zu beeinflussen in der Lage sind. In den von uns benutzten Kühlräumen (Abschnitt 2) war aber auch eine Veränderung der Luftbewegung nicht möglich, da sie alle nur mit stiller Kühlung versehen waren. Was die Verpackung anbetrifft, so haben wir in der Hauptsache geflochtene Körbe verwendet, und zwar in denjenigen Größen, wie sie für den Versand verschiedener Obstsorten üblich sind. Die Abmessungen der Körbe sind im Abschnitt 7 für jede untersuchte Sorte angegeben.

---

[1]) Vgl. Revista del Ministero de Obras Publicas de Colombie, Januar 1914, S. 51.

[2]) Vgl. diese Abhandlungen Heft 5, S. 103.

Die Durchkühlungsgeschwindigkeit wurde in der Weise gemessen, daß in verschiedene Körbe langstielige Thermometer mit Zehntelgradeinteilung bis zur Mitte eingesetzt wurden und die Temperatur in regelmäßigen Zeitabschnitten abgelesen wurde. Den zeitlichen Verlauf der Abkühlungskurven für saure Kirschen, Johannisbeeren, Heidelbeeren und Stachelbeeren zeigt Fig. 6. Die zugehörigen Abmessungen der Verpackungen waren:

Saure Kirschen:	offener, geflochtener Korb, innen mit Zeitungspapier ausgelegt, Schütthöhe 26 cm, Durchmesser 46 cm.
Johannisbeeren:	offener, geflochtener Korb, innen mit Zeitungspapier ausgelegt, Schütthöhe 25 cm, Durchmesser 45 cm.
Heidelbeeren:	offene Holzkiste, Schütthöhe 14 cm, Länge 49 cm, Breite 41 cm.
Stachelbeeren:	offener, geflochtener Korb, innen mit Zeitungspapier ausgelegt Schütthöhe 25 cm, Durchmesser 47 cm.

In Fig. 6 sind als Ordinaten nicht die Temperaturen in den Obstkörben selbst, sondern die Differenzen Δt zwischen diesen Temperaturen und der mittleren Kühlraumtemperatur gewählt. Letztere betrug $+ 1{,}5^0$, da alle in Fig. 6 wiedergegebenen Messungen im Kühlraum I der Union-Brauerei in Groß-Gerau vorgenommen wurden.

Wir erkennen aus dem Verlauf der Kurven, daß bei allen vier Sorten eine vollständige Durchkühlung erst nach 3 tägiger Lagerung im Kühlraum erreicht wurde; das ist aber für das empfindliche Beerenobst eine verhältnismäßig lange Zeit, die in bewegter Luft voraussichtlich nicht unbedeutend abgekürzt werden könnte.

Besonders beachtenswert erscheint uns ferner die Tatsache, daß sich das Obst nicht bis zur mittleren Kühlraumtemperatur abkühlt, wobei $\Delta t = 0$ werden müßte, sondern daß sich eine ziemlich konstant bleibende Temperaturdifferenz Δt_b einstellt, die für jede Obstsorte verschieden groß ausfällt. Bei manchen Obstsorten ist sogar eine dauernde Zunahme dieser bleibenden Temperaturdifferenz zu beobachten. Diese Differenz, die bei gewissen Sorten bis nahezu 2^0 beträgt, kann nur durch den Verlauf chemischer Vorgänge erklärt werden, die mit einer Wärmeentwicklung verbunden sind. Diese Vorgänge sind die im Abschnitt 3 eingehend besprochenen Spaltungen der organischen Verbindungen, vor allem die Veratmung des Zuckers.

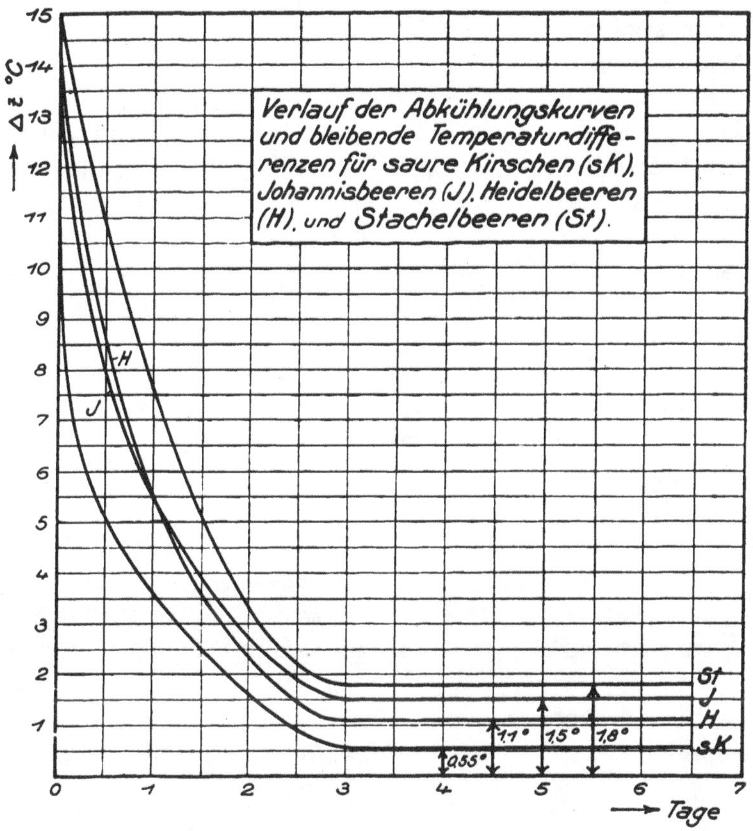

Fig. 6.

Bei der Veratmung (Verbrennung) von 1 g Rohrzucker werden z. B. 3,96 große Kal. frei[1]), bei Stärke bzw. Glukose sind die entsprechenden Zahlen 4,1 bzw. 3,7 Kal.[2]). Diese Wärmemengen können natürlich nicht augenbliklich abgeführt werden und

[1]) U. S. Depart. of Agriculture, Office of Experiment Station, Bulletin 109, S. 17.

[2]) Palladin, Pflanzenphysiologie 1911, S. 2.

bewirken daher eine bleibende Temperaturdifferenz. Aus nachstehender Tabelle ist zu ersehen, um welche Werte es sich hierbei handelt:

Saure Kirschen . .	$\Delta t_b = 0{,}55^0$,	nach 4 Wochen steigend bis $1{,}0^0$
Johannisbeeren (leicht schimmlig)	$= 1{,}5^0$	
Johannisbeeren (ohne Schimmel) .	$= 1{,}35^0$	
Heidelbeeren. . . .	$= 1{,}1^0$,	nach 3 Wochen steigend bis $1{,}5^0$
Stachelbeeren . . .	$= 1{,}8^0$,	am Anfang $1{,}7^0$, n. 3 Wochen $1{,}9^0$
Aprikosen	$= 0{,}7^0$,	nach 4 bis 5 Wochen steigend bis $1{,}0^0$
Pfirsiche.	$= 0{,}9^0$	
Zwetschen	$= 0{,}55^0$	
Reineclauden (reif)	$= 0{,}33^0$	
» (halbreif)	$= 0{,}22^0$	
Mirabellen (reif) . .	$= 0{,}41^0$	
» (halbreif)	$= 0{,}29^0$	
Falläpfel (unreif) .	$= 0{,}13^0$	
Schafsnasen-Äpfel (baumreif)	$= 0{,}47^0$,	die erst. 20 Tage im Mittel $0{,}17^0$, die folgenden 15 Tage $0{,}41^0$, die letzten 35 Tage im Mittel $0{,}82^0$
Schweiz. Herbstäpfel	$= 0{,}63^0$,	am Anfang $0{,}45^0$, dann steigend bis $0{,}9^0$
Gute Louise-Birnen (baumreif)	$= 0{,}30^0$,	am Anfang $0{,}15^0$, dann steigend bis $0{,}5^0$.

Gore[1]) fand bei Versuchen mit Bananen eine bleibende Temperaturdifferenz von 1,4 bis $1{,}9^0$.

Wir ersehen aus dieser Tabelle, daß das schnell reifende Beerenobst die größten bleibenden Temperaturdifferenzen aufweist, und daß bei den meisten Obstsorten die Temperaturdifferenz mit fortschreitender Reife wächst. Da die Veratmung als Ursache der Wärmeerzeugung aufzufassen ist, so muß zwischen

---

[1]) Gore, U. S. Dept. of Agriculture, Bur. of Chemistry, Bulletin 142, S. 33.

der Menge der entwickelten Kohlensäure und der bleibenden Temperaturdifferenz ein festes Verhältnis bestehen. Im Abschnitt 4 haben wir die von Gore für verschiedene Obstsorten gemessenen Werte der gebildeten CO_2-Menge mitgeteilt und diese Größe mit y (in mg pro kg Obst und Stunde) bezeichnet. Wir hätten also zu erwarten, daß das Verhältnis $\frac{y}{\Delta t_b}$ für alle Obstsorten nahezu konstant ist, gleiche Verpackung und gleiche Luftbewegung im Kühlraum vorausgesetzt. Die bleibende Temperaturdifferenz ist dann der in der Zeiteinheit von der Gewichtseinheit ausgeschiedenen Kohlensäuremenge proportional. In folgender Tabelle sind die Werte von y, Δt_b und $\frac{y}{\Delta t_b}$, soweit sie gemessen wurden, nach der Tabelle auf S. 35 und nach der vorstehenden Tabelle zusammengestellt. Da sich die Messungen von Δt_b auf eine Kühlraumtemperatur von $+1{,}5^0$ beziehen, so müssen wir auch für y den dieser Temperatur entsprechenden Wert nach der Gleichung

$$\log y = \log y_0 + 0{,}0376 \cdot 1{,}5 = \log y_0 + 0{,}0564$$

einsetzen (vgl. die Gleichungen (1) und (2), Abschnitt 4). Daraus folgt

$$y = 1{,}14\, y_0.$$

Sorte	y_0 (nach Gore)	$y = 1{,}14\, y_0$ (bei $+1{,}5^0$) (nach Gore)	Δt_b (nach unseren Versuchen)	$\frac{y}{\Delta t_b}$
Rote Johannisbeeren	5,0	5,69	1,35	4,2
Heidelbeeren . . .	11,4	13,0	1,1	11,8
Pfirsiche	8,55 (Mittelwert aus 5 Sorten reifer Früchte)	9,74	0,9 (billige Einmachsorte)	10,8
Pflaumen	5,0 (Mittelwert aus 3 Sorten)	5,69	0,55 (Zwetschen)	10,4
Birnen	3,05 (Mittelwert aus 2 Sorten)	3,47	0,30 (Gute Louise)	11,6
Äpfel	5,56 (Mittelwert aus 5 Sorten)	6,33	0,55 (Mittel aus Schafsnasen u. Schweizer Herbstäpfeln)	11,5

Wir sehen, daß das Verhältnis $\frac{y}{\Delta t_b}$ mit Ausnahme des Wertes für rote Johannisbeeren in der Tat ziemlich konstant ist und im Mittel 11,2 beträgt. Der viel kleinere Wert für rote

Johannisbeeren ist wohl darauf zurückzuführen, daß der von Gore gefundene Wert von y_0 sich auf ganz gesunde, ausgelesene Beeren bezieht, während der von uns gemessene Wert von Δt_b an einer Durchschnittsware gewonnen wurde. Gore[1]) hebt besonders hervor, daß nur solche Beeren untersucht wurden, die noch fest am Stiel hingen und auch sonst vollkommen unversehrt waren. Die Auswahl der Früchte wurde bei den roten Johannisbeeren offenbar mit besonderer Sorgfalt vorgenommen, denn es fällt in der Tabelle auf S. 35, Abschnitt 4, der kleine Wert von y_0 für dieses Beerenobst im Vergleich mit den anderen Sorten direkt auf. Schaltet man daher diesen Wert ganz aus, so erhält man im Mittel

$$y = 11{,}2\,\Delta t_b.$$

Diese Gleichung müßte für alle Kühlraumtemperaturen gültig bleiben.

Wir haben früher gesehen, daß man y als Maß der Reifungsgeschwindigkeit auffassen kann. Mit dem gleichen Recht können wir jetzt auch die bleibende Temperaturdifferenz als ein solches Maß betrachten, was jedenfalls den Vorzug einer viel größeren Einfachheit hat. Da ferner, wie bereits hervorgehoben, bei den meisten Obstsorten die bleibende Temperaturdifferenz mit fortschreitender Reife wächst, so könnte man es sogar durch eine Reihe systematischer Versuche mit einer bestimmten Sorte bei gegebener Verpackung soweit bringen, daß man aus der Höhe der jeweiligen Temperaturdifferenz auf den erreichten Reifegrad Schlüsse zieht und so den günstigsten Zeitpunkt der Auslagerung auf sehr einfachem Wege bestimmt.

6. Die Gewichtsverluste bei der Lagerung von frischem Obst.

Bei der Lagerung von frischem Obst treten erfahrungsgemäß Gewichtsverluste auf, deren Größe sowohl von den äußeren Lagerungsbedingungen wie auch von den spezifischen Eigenschaften der Frucht abhängt. Zu den äußeren Lagerungsbedingungen gehören: die Temperatur, die Feuchtigkeit und der Bewegungszustand der umgebenden Luft, die Art der Verpackung, die Höhe der Stapelung u. a. Die spezifischen Eigenschaften

[1]) Gore a. a. O. Bulletin 142, S. 6.

der Frucht, die auf den Gewichtsverlust einen Einfluß ausüben können, sind: der Wassergehalt, die Konsistenz und damit der Reifezustand, die Dicke und Beschaffenheit der Schale, die absolute Größe der Frucht und die geometrische Form[1]).

Im allgemeinen erreichen die Gewichtsverluste von zusammengepacktem, gesundem Obst bei Aufbewahrung in Kühlräumen keine allzu hohen Werte, so daß sich der Verlust äußerlich kaum bemerkbar macht. Nur bei längerer Aufbewahrung in trockenen Räumen treten Schrumpfungserscheinungen auf, welche die Früchte unansehnlich machen und ihren Verkaufswert erheblich verringern. Zu solchen Schrumpfungserscheinungen neigt besonders das Kernobst und zum Teil auch das Steinobst.

Bei unseren Versuchen stieg der Gewichtsverlust nur selten über 5% (vgl. Abschn. 7). Der Verlauf der Verlustkurven ist in den Fig. 7, 8 und 9 für rote Kirschen, saure Kirschen und Aprikosen dargestellt. Wir finden hier die gleiche Gesetzmäßigkeit wieder, die man auch bei anderen Lebensmitteln [Fleisch[2]) und Fische[3])] beobachtet: die Verluste sind in den ersten Tagen am größten und nehmen mit zunehmender Lagerzeit immer langsamer zu. Die Abweichungen von diesem Verlauf, die sich beim Obst gelegentlich ergaben, sind auf die Änderungen der Konsistenz während der Lagerung, auf Saftabfluß und zum Teil auch auf eine gewisse Unsicherheit zurückzuführen, die in der Gewichtsveränderung der Verpackung liegt und auf die wir weiter unten zurückkommen werden.

Die Gewichtsverluste bei der Lagerung von Obst können entstehen:

a) durch Wasserverdunstung,
b) durch den Atmungsprozeß, bei dem mehr Kohlensäure abgegeben als Sauerstoff aufgenommen wird, und
c) durch Saftabfluß.

Der unter c) erwähnte Fall tritt nur bei Weichobst und auch nur dann ein, wenn die Früchte in nicht einwandfreiem Zustand

---

[1]) Vgl. Kulisch, Landw. Jahrb. 21, 1892, S. 871.

[2]) „Abhandlungen zur Volksernährung", herausgegeben von der Zentraleinkaufsgesellschaft, Heft 1 u. 6.

[3]) „Abhandlungen zur Volksernährung", Heft 5.

(überreif, matschig oder mit geplatzter Schale) eingebracht werden. Als Beispiel können bei unseren Versuchen die Stachelbeeren (S. 64) angeführt werden.

Bei gesundem Obst erklärt sich der Gewichtsverlust hauptsächlich durch Wasserverdunstung. Schon Kulisch[1]) hat die Ansicht ausgesprochen, daß die Atmung dabei nur eine untergeordnete Rolle spielt. Immerhin sind die durch die Veratmung bedingten Gewichtsverluste quantitativ nachweisbar, da sich bei der chemischen Analyse des Obstes vielfach eine Abnahme der Trockensubstanz ergibt[2]). Nachdem wir die chemischen Vorgänge bei der Atmung kennen gelernt haben, können wir uns über den Anteil der Atmung an den Gewichtsverlusten leicht ein quantitatives Bild machen.

Den größten Gewichtsverlust erhält man bei der Alkoholgärung nach Abschnitt 3, Gleichung (6), weil hierbei Kohlensäure ohne Sauerstoffaufnahme abgegeben wird (anaerobe Atmung, $\frac{CO_2}{O_2} = \infty$). Die Gleichung für die Alkoholgärung lautete (vgl. S. 21):

$$\underset{180\,g}{C_6H_{12}O_6} = \underset{92\,g}{2\,C_2H_5OH} + \underset{88\,g}{2\,CO_2}$$

Die unter den chemischen Zeichen angeführten Zahlen bedeuten die an der Reaktion beteiligten Gewichtsteile der verschiedenen Körper[3]). Wir sehen also, daß bei der Alkoholgärung ungefähr die Hälfte der gespaltenen Glukose als Gewichtsverlust auftritt. Wenn also z. B. bei einer Frucht 1% Glukose (bezogen auf das Fruchtgewicht) vergoren wird, so tritt dadurch ein Gewichtsverlust von ½% auf.

Betrachten wir jetzt die Veratmung von Glukose unter Sauerstoffaufnahme, so ist der Verlust noch kleiner. Der Vorgang geht nach der Gleichung

$$\underset{180\,g}{C_6H_{12}O_6} + \underset{192\,g}{6\,O_2} = \underset{264\,g}{6\,CO_2} + \underset{108\,g}{6\,H_2O}$$

---

[1]) Kulisch a. a. O.

[2]) Bigelow und Gore, Studies on Peaches, U. S. Dept. of Agriculture, Bureau of Chemistry, Bulletin Nr. 97.

[3]) Die Gewichtsteile berechnen sich aus folgenden Molekulargewichten: $C = 12$, $O_2 = 32$, $H_2 = 2$.

vor sich. Nehmen wir an, daß das gebildete Wasser im Obst verbleibt[1]), so erhält man für 1 Gewichtsteil veratmeter Glukose

$$\frac{264-192}{180} = 0,4$$

Gewichtsverlustteile. Wird also z. B. 1% Glukose (bezogen auf das Fruchtgewicht) veratmet, so tritt ein Gewichtsverlust von 0,4% ein.

Auf dem gleichen Wege kann man den Gewichtsverlust bestimmen, der sich bei der Veratmung der Obstsäuren ergibt. Aus Gleichung (14a), Abschnitt 3,

$$\begin{array}{ccccc} 9\,C_4H_6O_5 + & 15\,O_2 = & 2\,C_6H_{10}O_5 + & 24\,CO_2 + & 17\,H_2O \\ 1206\,g & 480\,g & 324\,g & 1056\,g & 306\,g \end{array}$$

erhält man z. B. pro Gramm umgewandelter Apfelsäure einen Gewichtsverlust von

$$\frac{1056-480}{1206} = 0,48\,g.$$

Für Zitronensäure bzw. Weinsäure erhält man auf dem gleichen Wege einen Gewichtsverlust von 0,50 bzw. 0,52 g. Im Mittel ist also der Gewichtsverlust gleich der Hälfte der verschwundenen Säure. Wenn also z. B. bei Pfirsichen (vgl. Abschnitt 9, S. 103) die Zitronensäure in 36 Tagen von 1,141% auf 0,451% zurückgegangen ist, so konnte dabei durch Atmung ein Gewichtsverlust von $0,5 \cdot (1,141 - 0,451) = \sim 0,35\%$ entstehen, während im ganzen ein Gewichtsverlust von 6,8% gemessen wurde. Der größte Teil dieses Verlustes ist also auf Wasserverdunstung zurückzuführen.

Man kann den durch die Atmung hervorgebrachten Gewichtsverlust auch auf die Menge der ausgehauchten Kohlensäure beziehen. Bei der Veratmung von Glukose erhält man z. B. pro Gramm ausgehauchter Kohlensäure einen Verlust von

$$\frac{264-192}{264} = 0,27\,g.$$

Bei Apfelsäure und Zitronensäure ergeben sich auf die gleiche Weise 0,55 g, bei Weinsäure sogar 0,71 g. Nimmt man für die gleichzeitige Veratmung des Zuckers und der Säuren im

[1]) Palladin, Pflanzenphysiologie S. 179.

Mittel einen Verlust von 0,45 g pro Gramm ausgehauchter CO_2 an, so kann man aus der Tabelle von Gore (Abschnitt 4, S. 35) die durch Atmung hervorgerufenen Gewichtsverluste z. B. bei 0° für alle untersuchten Früchte angeben.

So erhält man z. B. für den gelben Bellefleur-Apfel, der pro kg der Frucht und Stunde 5,9 mg CO_2 abgab, bei einer Lagerzeit von 8 Wochen einen Gewichtsverlust von nur

$$\frac{5{,}9}{1000} \cdot 0{,}45 \cdot \underbrace{8.\ 7.\ 24}_{\text{Stunden}} = 3{,}6\,\text{g} = 0{,}36\,\%.$$

Aus den vorstehenden Angaben ist zu erkennen, daß der Gewichtsverlust zum allergrößten Teil einen Wasserverlust darstellt. Diese Erkenntnis ist für die Bewertung fortlaufender chemischer Analysen bei lagerndem Obst von Bedeutung und berechtigt uns, im Rahmen der Genauigkeit der Analysen, bei etwaigen Umrechnungen und Bezugnahmen auf die ursprüngliche Zusammensetzung den Gewichtsverlust durch Wasser zu ersetzen. In dieser Festlegung ist auch kein Widerspruch mit der Tatsache zu erblicken, daß mit zunehmender Lagerzeit das Aroma der Früchte schwindet, daß also neben der Verdunstung des Wassers auch eine Verflüchtigung der aromatischen Substanzen erfolgt; denn die Träger des Fruchtaromas sind von vornherein in kaum meßbaren Mengen vorhanden.

Wir wollen nun noch auf eine Schwierigkeit hinweisen, die sich bei der Messung der Gewichtsverluste herausstellte. Bei den ersten Vorversuchen, besonders in kleinen Packungen, zeigten sich ganz unregelmäßige Gewichtsveränderungen, die bald negativ, bald positiv ausfielen. Es schien von vornherein unwahrscheinlich, daß die zeitliche Gewichtskurve des Obstes derartige Schwankungen aufweist. Der Grund dieser Erscheinungen wurde bald in der Gewichtszunahme der Tara gefunden, die sich über den Gewichtsverlust des Nettoinhaltes überlagerte. Das Obst wurde in geflochtenen Körben verschiedener Größe aufbewahrt, deren Material offenbar hygroskopisch war, so daß es in den relativ feuchten Kühlräumen Wasser anzog. Die verschiedenen Verpackungen wurden daraufhin genau untersucht, und es stellte sich heraus, daß deren Wasseraufnahmefähigkeit nicht unbedeutend war. Wir wollen hier nur 2 Beispiele anführen:

Johannisbeeren (Kühlraum Binding, Frankfurt a. M.)				Schafsnasen-Äpfel (Kühlraum II, Groß-Gerau)			
Lagerzeit	Gewicht in g			Lagerzeit	Gewicht in g		
Tage	Netto	Tara	Brutto	Tage	Netto	Tara	Brutto
0	14 045	1800	15 845	0	3580	488	4068
14	13 960	1850	15 810	4	3575	510	4085
39	13 600	1900	15 500	16	3560	524	4084
				25	3555	530	4085
				39	3540	528	4068
				45	3533	531	4064

Während also die Feststellung des Bruttogewichts bei den Schafsnasenäpfeln zunächst eine Gewichtszunahme, dann eine Gewichtskonstanz und erst nach 39 Tagen eine kleine Abnahme ergab, finden wir, daß das Nettogewicht vom ersten Tage ab ziemlich gleichmäßig abnimmt. Die Änderung der Tara muß also auch bei weiteren Versuchen berücksichtigt werden, wie es auch im Abschnitt 7 bei den auf den Seiten 49 bis 88 mitgeteilten Zahlen geschehen ist.

Auf diese Weise konnten die meisten beobachteten Gewichtszunahmen als nur „scheinbare" erklärt werden. Es blieben aber immer noch einige Fälle übrig, bei denen einwandfrei eine Zunahme des Nettogewichtes festgestellt wurde. Diese Fälle beziehen sich auf die Lagerung von Weichobst im Kühlraum der Brauerei Binding in Frankfurt bei der sehr hohen relativen Feuchtigkeit der Luft von 96% bei etwa + 1,5° sowie im Kühlraum II der Union-Brauerei in Groß-Gerau bei 0° und über 90% relativer Feuchtigkeit. Die Gewichtszunahme konnte hier offenbar nur von einer Kondensation von Wasserdampf aus der Luft auf dem Obst stattfinden, und es bleibt zu erklären, wie eine solche Kondensation möglich ist, wenn die relative Feuchtigkeit dauernd unterhalb 100% geblieben ist.

Die Erklärung dieser Erscheinung ist darin zu suchen, daß das Obst neben dem Wasser organische Säuren und Zucker enthält, so daß wir es als „wässerige Lösung" ansprechen können.

Nun ist aber aus der Physik bekannt, daß sich die Eigenschaften einer wässerigen Lösung um so mehr von denjenigen des reinen Wassers unterscheiden, je konzentrierter die Lösung ist. Es findet bei wässerigen Lösungen eine Gefrierpunktserniedrigung und eine Siedepunktserhöhung statt. Letzterer entspricht einer Dampfspannungserniedrigung gegenüber reinem Wasser für die gleiche Temperatur. Daraus ergibt sich sofort, daß eine Dampfspannung, die über reinem Wasser noch keine Kondensation hervorruft, also einer relativen Feuchtigkeit von weniger als 100 % entspricht, schon genügen kann, um über einer wässerigen Lösung den Sättigungspunkt zu erreichen und einen Niederschlag zu ergeben. Der allgemein übliche Begriff der relativen Feuchtigkeit ist eben nur für reines Wasser zugeschnitten[1]).

Knoblauch und Noell[2]) haben sehr lehrreiche Versuche durchgeführt und gezeigt, daß die relative Feuchtigkeit in hermetisch abgeschlossenen und mit verschiedenen Obstsorten gefüllten Räumen niemals 100% erreicht. Sie fanden folgende Maximalwerte bei Zimmertemperatur:

Kirschen	98%	relative Feuchtigkeit
Plaumen		
Pfirsiche	96%	„ „
Birnen		
Äpfel	93%	„ „

Diese Grenzwerte sollen von der Raumtemperatur etwas abhängig sein. Werden also in einem Raum diese Werte überschritten, so tritt sofort eine Kondensation auf der Oberfläche des Obstes auf. Aus den vorstehenden Maximalwerten erkennen wir, daß eine solche Kondensation bei einer relativen Feuchtigkeit der Luft von 96% für eine ganze Reihe von Früchten möglich ist. Sie wurde von uns beobachtet bei einigen Birnensorten (S. 83 bis 85), bei Schweizer Herbstäpfeln (S. 80), Aprikosen (S. 70) und allerdings auch einmal bei sauren Kirschen (S. 55).

---

[1]) Vgl. auch Plank, Zeitschr. für die ges. Kälte-Industrie 1916, Heft 3.

[2]) Knoblauch und Noell, Gesundheitsingenieur 1916, Heft 13, S. 153.

7. Die Ergebnisse der Kaltlagerungsversuche.

Die Untersuchung des Verhaltens von frischem Obst in Kühlräumen erstreckte sich auf eine große Anzahl Obstsorten, und zwar:

a) Beerenobst, rote Johannisbeeren, Heidelbeeren, Stachelbeeren, Himbeeren und Erdbeeren;

b) Steinobst, rote und schwarze Herzkirschen, saure Kirschen, Aprikosen, Pfirsiche, Zwetschen, Reineclauden und Mirabellen;

c) Kernobst, Falläpfel, Schafnasen-Äpfel, Schweizer Herbstäpfel, Williams Christbirnen, Amanlis Butterbirnen, Rousselette-Birnen, Beste Birnen, Gute Louise von Avranches und Pastorenbirnen.

In der nachfolgenden Wiedergabe der Versuchsergebnisse sind die Kirschen zusammen mit dem Beerenobst behandelt, da der Zeitpunkt der Untersuchung für diese Sorten zusammenfiel und sich die Kirschen in ihrem Verhalten bei der Kaltlagerung in mancher Beziehung dem Beerenobst nähern.

Für jede Obstsorte ist die Herkunft, der Tag des Pflückens, die Temperatur beim Transport bzw. bis zur Einlagerung in den Kühlraum, der Tag der Einlagerung, der Zustand des Obstes, die Verpackung und das Gewicht angegeben. Die laufenden Befunde erstrecken sich in der Hauptsache auf das Aussehen, die Konsistenz und die Gewichtsveränderung des Obstes; der Verfall wird also zunächst durch den Grad der Verschimmelung, der Fäulnisbildung bzw. des Einschrumpfens gemessen. Die weiteren nachteiligen Veränderungen, die sich infolge der Verflüchtigung der aromatischen Substanzen und des Säurerückganges auch bei den noch gesunden Früchten im spezifischen Geschmack bemerkbar machten, wollen wir in diesem Abschnitt nur kurz streifen und im nächsten Abschnitt ausführlicher behandeln.

Kirschen und Beerenobst.

I. Rote Herz-Kirschen.

A. Union, Groß-Gerau I (+1,5°; 83%).

Herkunft des Obstes: Quedlinburg. Gepflückt am 10. 7. 15; Transportdauer 3 Tage, mittlere Temperatur beim Transport +15°; in den Kühlraum gelagert am 14. 7. 15 nachmittags. Verpackung: offener Korb, Schütthöhe 17 bis 21 cm, Länge 46 cm, Breite 30 cm.

1. Gewicht 8,30 kg netto; Zustand des eingelagerten Obstes: obenauf gesund, innen beginnende Zersetzung, leicht schnapsiger Geruch, an einigen verletzten Kirschen leichter Schimmelansatz. Befund bei der Lagerung: nach 3 Tagen unverändert, danach langsam zunehmende Verschimmelung. Nach 22 Tagen sind 16% mit Schimmelansatz, 84% im Aussehen und in der Konsistenz gut erhalten. Gewichtsverlust nach 13 Tagen 3,6%, nach 22 Tagen 6,6%.

2. Gewicht 11,20 kg netto; Zustand des eingelagerten Obstes: durchweg gesund. Befund: nach 7 Tagen unverändert, danach gerinfügige vereinzelte Schimmelbildung. Nach 22 Tagen 5% mit Schimmelansatz, 95% in Aussehen und in der Konsistenz gut erhalten. Gewichtsverlust nach 13 Tagen 2,4%, nach 22 Tagen 4,4%.

Wir ersehen daraus, daß sich die Ware, die bei der Einlagerung in den Kühlraum vollkommen gesund war, wesentlich besser gehalten hat und auch einen geringeren Gewichtsverlust aufwies.

B. Union, Groß-Gerau II ($\pm 0^0$; 92,5%).

Herkunft und Behandlung bei der Einlagerung wie vorstehend unter A. Verpackung: offenes Körbchen, Schütthöhe 10 cm, Länge 38 cm, Breite 15 cm, Gewicht 2,83 kg netto. Zustand des eingelagerten Obstes durchweg gesund. Befund:

nach 13 Tagen unverändert,
„ 22 „ 3% mit Schimmelansatz,
„ 35 „ 15% „ „
„ 44 „ 28% „ „

Der Prozentsatz der verdorbenen Kirschen sowie der gemessene Gewichtsverlust sind in Fig. 7 über der Lagerzeit graphisch aufgetragen. Man erkennt daraus, daß das Verderben zunächst langsam einsetzt und dann immer schneller fortschreitet. Zwei Wochen lang blieb die Ware unverändert, in der dritten Woche sind im Durchschnitt 0,25% täglich verdorben, in der vierten Woche bereits 0,43% pro Tag. in der fünften Woche 0,75% pro Tag, in der sechsten Woche 1,57% pro Tag. Der Gewichtsverlust zeigt den entgegengesetzten Verlauf: er ist in den ersten Lagertagen am größten und nimmt dann immer langsamer zu.

Vergleicht man die hier gefundenen Ergebnisse mit den unter A 2 mitgeteilten, so erkennt man, daß die Herabsenkung der Temperatur um $1{,}5^0$ und die gleichzeitige Erhöhung der relativen Feuchtigkeit um fast 10% eine günstige Wirkung gehabt haben; sowohl die Ausbreitungsgeschwindigkeit des Schimmels wie auch die Gewichtsverluste haben abgenommen. Die unter B angegebenen Lagerungsverhältnisse sind also für rote Herzkirschen günstiger als die unter A. Einen günstigen Einfluß wird wahrscheinlich auch die geringere Schütthöhe der Körbe ausgeübt haben.

C. Binding, Frankfurt a. M. ($+1{,}5^0$, 96%).

Herkunft und Behandlung bei der Einlagerung wie unter A. Verpackung: offener Korb, Schütthöhe 24 bis 25 cm, Länge 43 cm, Breite 28 cm.

1. Gewicht 11,37 kg netto; Zustand: durchweg gesund. Befund: nach 2 Tagen unverändert, danach nimmt die Schimmelbildung ziemlich rasch zu, so daß nach 25 Tagen schon 25% der Kirschen Schimmelansatz aufweisen. Nach 7 Wochen war bereits die Hälfte mehr oder weniger verschimmelt. Der Rest, der vom Schimmel noch nicht angegriffen war, blieb

in der Konsistenz und im Aussehen gut erhalten, ganz besonders war auch der den frischen Kirschen eigentümliche Glanz nicht vermindert. Der Gewichtsverlust betrug nach 14 Tagen 0,9%, nach 25 Tagen 2,4% und nach 42 Tagen 6,9%.

Der Vergleich mit A 2 lehrt, daß die viel höhere relative Feuchtigkeit bei C 1 die Schimmelbildung in hohem Maße begünstigt hat, während bei B eine fast ebenso hohe relative Feuchtigkeit bei der tieferen Temperatur von den Kirschen gut vertragen wurde. Die Gewichtsverluste sind bei der hohen Feuchtigkeit zu Anfang sehr gering, solange die Konsistenz des Obstes normal ist. Mit zunehmender Verschimmelung und Durchweichung steigt aber der Gewichtsverlust schnell an.

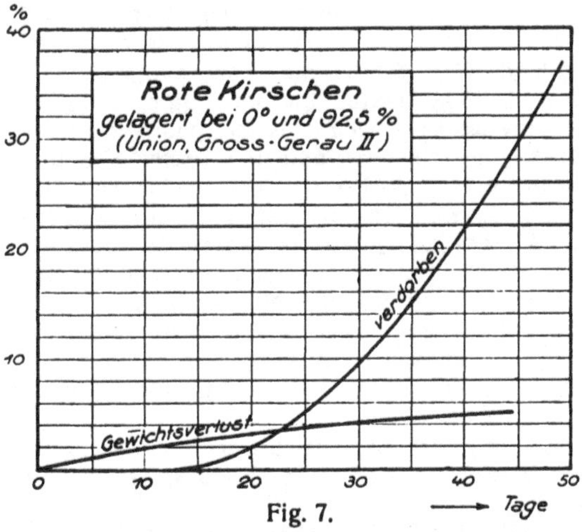

Fig. 7.

2. Gewicht 12,47 kg netto; Zustand: vereinzelter Schimmelansatz, Konsistenz etwas weich. Befund: nach 2 Tagen unverändert, danach rasch zunehmende Verbreitung des Schimmels, so daß nach 25 Tagen bereits 40% der Ware mit Schimmel bedeckt ist. Die gesunden Kirschen blieben in der Konsistenz und im Aussehen unverändert. Der Gewichtsverlust betrug nach 14 Tagen 1,1%, nach 25 Tagen 2,3%.

Der Vergleich mit dem vorigen Versuch zeigt wieder (wie bei A 1 u. 2) deutlich den Einfluß des Zustandes bei der Einlagerung. Während bei diesen an sich ungünstigen Luftverhältnissen von dem im gesunden Zustand eingelagerten Obst (C 1) nach 25 Tagen 25% verschimmelt waren, finden wir bereits einen Verlust von 40%, wenn das Obst bei der Einlagerung nicht mehr ganz einwandfrei war.

D. Bachmann, Frankfurt a. M. [±0° (Maximum +3,8°; Minimum vorübergehend —2,0°); 91,5%].

Herkunft des Obstes: Querfurt. Gepflückt am 13. 7. 15, Transportdauer 3 Tage, bei +14 bis +19°). In den Kühlraum gelagert am 17. 7. 15 vormittags. Verpackung: offener Korb, Schütthöhe 20 cm, Länge 47 cm, Breite 30 cm.

Gewicht 9,75 kg netto. Zustand: fest, in der Mitte des Korbes etwas feucht, vereinzelt Schimmelansatz. Befund: In der ersten Woche, während welcher die Lufttemperatur auf einigen Graden über Null gehalten wurde, nahm die Schimmelbildung etwas zu. Danach wurde die Temperatur auf 0 bis —2° gebracht, wodurch die weitere Entwicklung des Schimmels sichtlich gehemmt wurde. Ein Gefrieren der Kirschen trat bei diesen Temperaturen noch nicht ein[1]). Nach 37tägiger Lagerung waren immerhin schon 20% verschimmelt. Der Gewichtsverlust betrug nach dieser Zeit rd. 2,8%.

II. Schwarze Herz-Kirschen.

A. Union, Groß-Gerau I (+1,5°; 83%).

Herkunft des Obstes: Quedlinburg. Gepflückt am 10. 7. 15. Transportdauer 3 Tage bei +15°; in den Kühlraum gelagert am 14. 7. 15 nachm. Verpackung: offener Korb, Schütthöhe 17 cm, Länge 46 cm, Breite 30 cm.

1. Gewicht 11,10 kg netto; Zustand: durchaus gesund. Befund nach 3 Tagen unverändert, danach beginnende Verschimmelung. Nach 22 Tagen sind 20% verschimmelt und im weiteren Verlauf der Lagerung greift die Verschimmelung rascher um sich, so daß nach 40 Tagen schon 60% verdorben sind. Der Rest ist fest und gut. Die Gewichtsverluste betrugen nach 13 Tagen 2,4%, nach 22 Tagen 5,0%, nach 40 Tagen 6,4%.

2. Gewicht 11,66 kg netto; Zustand: obenauf gesund, im Innern beginnende Zersetzung und Schimmelbildung, einzelne Früchte sind geplatzt. Befund: nach 3 Tagen unverändert, danach nimmt jedoch die Schimmelbildung bedeutend rascher zu als bei A 1, so daß nach 22 Tagen schon 35% verschimmelt sind. Der Gewichtsverlust hielt sich nahezu in den gleichen Grenzen wie bei A 1.

Der Einfluß des guten Zustandes bei der Einlagerung macht sich also auch bei diesen Vergleichsversuchen in hohem Maße bemerkbar.

B. Union, Groß-Gerau II (±0°; 92,5%).

Herkunft und Behandlung bei der Einlagerung wie vorstehend unter A. Verpackung: offenes Körbchen, Schütthöhe 10 cm, Länge 38 cm, Breite 15 cm.

Gewicht 3,18 kg netto; Zustand: beginnende Zersetzung und leichter Schimmelansatz. Befund: nach 5 Tagen unverändert; nach 22 Tagen sind aber schon 14% verschimmelt, und danach nimmt die Schimmelbildung rasch zu, so daß nach 35 Tagen schon 60% der Kirschen unbrauchbar sind. Der Gewichtsverlust betrug nach 13 Tagen 2,0%, nach 22 Tagen 2,8% und nach 35 Tagen 3,9%.

Der Vergleich von A 2 mit B lehrt, daß die Herabsenkung der Temperatur um 1,5% günstig eingewirkt hat. In beiden Fällen war das Obst bei der Einlagerung nicht mehr ganz einwandfrei; nach 3 Wochen waren bei +1,5% schon 35% verdorben, bei 0° aber nur 14%. Auch die höhere Feuchtigkeit im Falle B hat bei der tieferen Temperatur nichts geschadet und einen geringeren Gewichtsverlust bewirkt (2,8% gegen 5% im Falle A). Das gleiche relative Ergebnis fanden wir auch bei den roten Herzkirschen.

---

[1]) Der Gefrierpunkt der roten und schwarzen Herzkirschen sowie der sauren Weichselkirschen liegt in der Gegend von —4°.

C. Binding, Frankfurt a. M. (+1,5°; 96%).

Herkunft und Behandlung bei der Einlagerung wie unter A. Verpackung: 3 offene Körbe, Schütthöhe 20 bis 21 cm, Länge 47 cm, Breite 29 cm.

Gewichte 12,14 kg, 12,07 kg und 11,60 kg netto. Zustand: obenauf gesund, im Innern beginnende Zersetzung und Schimmelbildung, einzelne Früchte sind geplatzt. Befund: nach 2 Tagen unverändert, danach Entwicklung zahlreicher Schimmelherde, die rasch um sich greifen, so daß nach 25 Tagen schon 60% und nach 42 Tagen über 80% verschimmelt sind. Die Gewichtsverluste waren bei dem hohen Feuchtigkeitsgehalt der Luft sehr gering, und zwar nach 13 Tagen 0,6% und nach 25 Tagen 2,2%.

Wir finden hier das gleiche ungünstige Bild wie bei den roten Herzkirschen (I C) unter den gleichen Luftverhältnissen; die Verschimmelung ging bei den schwarzen Herzkirschen sogar noch rascher vor sich.

D. Bachmann, Frankfurt a. M. (±0°; 91,5%).

Herkunft des Obstes: Querfurt. Gepflückt am 13. 7. 15, Transportdauer 3 Tage bei +14 bis +19°. In den Kühlraum gelagert am 17. 7. 15 vormittags. Verpackung: offener Korb, Schütthöhe 20 cm, Länge 47 cm, Breite 27 cm.

Gewicht 10,62 kg netto. Zustand: fest, in der Mitte leichter Schimmelansatz. Befund: Zunächst bei +1 bis +4° rasche, dann mit sinkender Temperatur (bis —2°) immer langsamere Schimmelzunahme. Der Schimmel verbreitet sich schneller als bei den roten Herzkirschen (I D), so daß nach 37 Tagen schon 40% verdorben sind. Der Gewichtsverlust betrug nach dieser Zeit nur 1,6%.

III. Saure Weichsel-Kirschen.

A. Union, Groß-Gerau I (+1,5°; 83%).

1. Herkunft des Obstes: Pfungstadt bei Darmstadt. Gepflückt am 11. 7. 15. Transportdauer 2 Tage bei + 20°; in den Kühlraum gelagert am 14. 7. 15 nachmittags. Verpackung: 2 Körbe mit Deckel und 2 offene Körbe, Schütthöhe 16 cm, Länge 48 cm, Breite 31 cm. Gewichte 10,86 kg, 10,47 kg, 11,76 kg und 12,23 kg netto. Zustand: fest, ziemlich feucht, halb erblindet, stellenweise im Innern leichte Schimmelbildung. Befund: nach 3 Tagen unverändert, danach zunehmende Schimmelbildung, die aber in den mit dem Deckel geschlossenen Körben rascher um sich greift, so daß in diesen 2 Körben nach 22 Tagen schon 25% verdorben sind, während in den offenen Körben nur 15% vom Schimmel befallen sind. Nach dreiwöchiger Lagerung nimmt die Schimmelbildung sehr schnell zu, so daß nach 40 Tagen nur noch 20% der Kirschen nahezu schimmelfrei geblieben sind. Der frische Glanz, der schon bei der Einlagerung nur noch teilweise vorhanden war, verschwand nach einwöchiger Lagerung ganz; viele Kirschen schrumpften an der Oberfläche ein, so daß das Aussehen unvorteilhaft wurde; die nicht verschimmelten Früchte behielten jedoch ihre ursprüngliche Festigkeit. Nach 14tägiger Lagerung machte sich ein schnapsiger Geruch bemerkbar. Der Gewichtsverlust erreichte folgende Werte:

	nach 13 Tagen	nach 22 Tagen	nach 40 Tagen
in den offenen Körben . . .	1,8%	3,5%	6,1%
in den geschlossenen Körben .	1,5%	3,3%	5,2%

2. Herkunft des Obstes: Plantagen Groß-Gerau. Gepflückt am 14. 7. 15 vormittags bei Regen und kühler Witterung. Eingelagert in den Kühlraum am 14. 7. 15 nachmittags. Verpackung: 2 offene Körbe, innen mit Zeitungspapier ausgelegt, Schütthöhe 26 cm, Durchmesser 46 cm.

Gewichte 18,32 kg und 18,70 kg. Zustand: durchaus gesund, innen etwas feucht, voller Glanz. Befund: nach 5 Tagen unverändert, danach ganz langsam beginnende Schimmelbildung; nach 22 Tagen sind erst 2%, nach 40 Tagen immerhin schon 20% vom Schimmel angegriffen. Der äußere Glanz blieb 3 Wochen unverändert, danach wurden die Früchte etwas matter und einige schrumpften zusammen. Immerhin waren die gesunden Früchte nach 5 Wochen noch von sehr gutem Aussehen. Der Gewichtsverlust betrug nach 13 Tagen 2,0%, nach 22 Tagen 3,7% und nach 40 Tagen 5,1%.

3. Herkunft und Behandlung wie vorstehend unter A 2. Verpackung: offenes Körbchen, Schütthöhe 10 cm, Länge 38 cm, Breite 15 cm.

Gewicht 2,66 kg netto. Zustand: durchaus gesund, innen etwas feucht, voller Glanz. Befund: nach 12 Tagen unverändert, nach 22 Tagen nur 1% mit Schimmelansatz, danach raschere Verbreitung des Schimmels, so daß nach 44 Tagen bereits 30% der Früchte vom Schimmel befallen sind. Auch der äußere Glanz ging allmählich zurück, blieb aber selbst nach 6 Wochen noch teilweise erhalten. Bei der kleinen Schütthöhe war der prozentuale Gewichtsverlust naturgemäß entsprechend höher, und zwar betrug er nach 13 Tagen 4,5%, nach 22 Tagen 7,3% und nach 44 Tagen bereits 12,2%.

Vergleichen wir die hier mitgeteilten Ergebnisse untereinander, so finden wir, daß die erst am dritten Tage nach dem Pflücken mit Zeichen beginnender Zersetzung eingelagerten sauren Kirschen viel schneller verschimmelten als die gleich nach dem Pflücken in den Kühlraum gebrachten Früchte. Letztere hatten nach dreiwöchiger Lagerung noch fast gar nicht gelitten. Ein bedeutender Einfluß der Schütthöhe in den Körben konnte nicht festgestellt werden. Immerhin verhielten sich die Kirschen bei geringerer Schütthöhe (10 cm bei A 3) hinsichtlich der Schimmelbildung besonders in den ersten Wochen etwas günstiger als bei großer Schütthöhe (26 cm bei A 2); die Gewichtsverluste waren aber bedeutend größer, so daß insgesamt jedenfalls kein Vorteil resultiert.

B. Union, Groß-Gerau II ($\pm 0^{\circ}$; 92,5%).

Herkunft und Behandlung wie vorstehend unter A 2. Verpackung: offenes Körbchen, Schütthöhe 10 cm, Länge 38 cm, Breite 15 cm.

Gewicht 2,77 kg netto. Zustand: durchaus gesund, innen etwas feucht, voller Glanz. Befund:

Nach 13 Tagen	unverändert,	Gewichtsverlust 2,4%
„ 22 „	unverändert,	„ 3,3%
„ 35 „	6% mit Schimmelansatz	„ 4,6%
„ 44 „	20% mit Schimmelansatz,	„ 5,3%

Die gesunden Früchte haben nach 6 Wochen noch ein tadelloses Aussehen. Der Prozentsatz der verdorbenen Kirschen sowie der gemessene Gewichtsverlust sind in Fig. 8 über der Lagerzeit graphisch aufgetragen. Der Verlauf der Kurven entspricht qualitativ durchaus demjenigen, den wir bei den roten Herzkirschen (vgl. Fig. 7) gefunden haben. Die Schimmelbildung setzt jedoch bei den sauren Kirschen erst später ein, greift dann aber allerdings um so rascher um sich.

C. Binding, Frankfurt a. M. (+1,5°; 96%).

1. Herkunft und Behandlung des Obstes wie unter A 1. Verpackung: 4 offene Körbe, Schütthöhe 15 bis 17 cm, Länge 45 cm, Breite 30 cm. Gewichte 10,96 kg, 10,35 kg, 9,17 kg und 11,30 kg. Zustand: fest, ziemlich feucht, halb erblindet, im Innern leichte Schimmel- und Fäulnisbildung, Schnapsgeruch. Befund: Der Schimmel und die Fäulnis nahmen in allen 4 Körben sehr rasch zu, so daß schon nach 25 Tagen der ganze Inhalt der Körbe verdorben war.

2. Herkunft des Obstes: Plantagen Groß-Gerau; gepflückt am 14. 7. 15 bei Regen und kühler Witterung. Transportdauer 1 Tag bei + 14°. Eingelagert in den Kühlraum 15. 7. 15 vormittags. Verpackung: offener Korb, mit Zeitungspapier ausgelegt, Schütthöhe 16 cm, Durchmesser 45 cm.

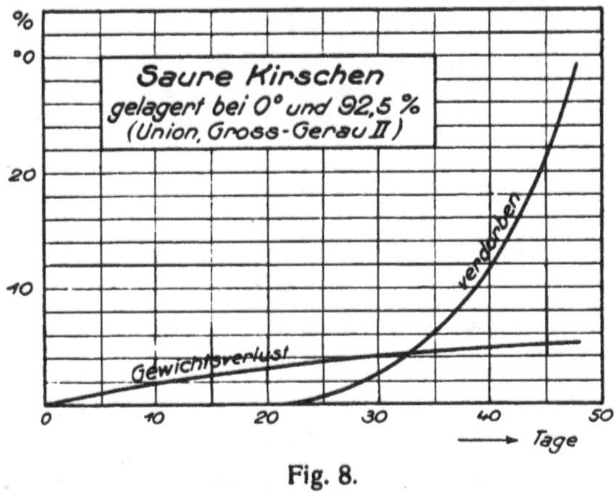

Fig. 8.

Gewicht 8,48 kg netto. Zustand des eingelagerten Obstes: trocken, durchaus gesund, voller Glanz. Befund: nach 5 Tagen unverändert, jedoch an der Oberfläche feucht, nach 22 Tagen 10% und nach 39 Tagen bereits 45% verschimmelt. Es fiel auf, daß in den ersten Tagen überhaupt kein Gewichtsverlust, sondern sogar eine kleine Gewichtszunahme auftrat, die offenbar auf die Kondensation[1]) von Wasserdampf auf dem Obst zurückzuführen ist, weil sich das trocken eingebrachte Obst bald feucht anfühlte. Nach 14 Tagen konnte immer noch eine Gewichtszunahme von 0,25% festgestellt werden; nach 25 Tagen betrug der Gewichtsverlust 1% und nach 39 Tagen 2,4%.

Aus diesen Versuchen ergibt sich, daß die sehr hohe Luftfeuchtigkeit des Kühlraumes auf saure Kirschen überaus ungünstig eingewirkt hat. Während von den in gesundem Zustand eingelagerten Früchten bei der gleichen Temperatur in Groß-Gerau bei 83% relativer Feuchtigkeit in 40 Tagen nur 20% von Schimmel befallen waren (vgl. A 2), sind es in

[1]) Vgl. S. 48.

Frankfurt bei 96% relativer Feuchtigkeit bereits 45%. Diese große Differenz kann nicht allein durch den Umstand erklärt werden, daß die Früchte in Frankfurt 12 Stunden später nach dem Pflücken eingelagert wurden; die Hauptursache liegt zweifellos im höheren Feuchtigkeitsgehalt der Kühlraumluft.

D. Bachmann, Frankfurt a. M. (±0°; 91,5%).

Herkunft und Behandlung des Obstes wie unter C 2. Verpackung: offener Korb, Schütthöhe 21 cm, Länge 45 cm, Breite 35 cm.

Gewicht 12,42 kg netto. Zustand: trocken, durchaus gesund, voller Glanz. Nach 3 Tagen unverändert, danach bei einer Raumtemperatur von +1 bis +4° ziemlich rasch fortschreitende Schimmelbildung, so daß nach 11 Tagen bereits 10% verdorben sind. Im weiteren Verlauf der Lagerung bei Temperaturen von 0 bis —2° wird die Schimmelentwicklung zunächst etwas gehemmt, setzt aber dann wieder stärker ein, so daß nach 37 Tagen bereits 45% verschimmelt sind. Der Gewichtsverlust blieb sehr gering und erreichte nach 37 Tagen nur rund 1%.

Die höhere Temperatur und Feuchtigkeit in der ersten Lagerwoche hat hier offenbar die Entwicklung des Schimmels begünstigt, der sich dann, trotz der Herabsenkung der Temperatur, ziemlich rasch ausbreitete.

Zusammenfassung der Versuchsergebnisse für Kirschen.

Aus den vorstehend mitgeteilten Versuchsergebnissen dürfen wir vor allem den Schluß ziehen, daß nur vollkommen gesunde Früchte möglichst unmittelbar nach dem Pflücken längere Zeit im Kühlraume konserviert werden können. Früchte dagegen, die bereits einen längeren Transport in nicht gekühlten Eisenbahnwagen hinter sich haben und Spuren beginnender Zersetzung aufweisen, verderben bei der nachfolgenden Einlagerung ins Kühlhaus bedeutend schneller (vgl. die nachstehenden Tabellen). Daraus ergibt sich die Forderung, Früchte, die in entfernteren Erzeugungsgebieten geerntet werden, schon beim Transport zu kühlen; das kann entweder in der Weise geschehen, daß man Kühlwagen spezieller Bauart verwendet, oder noch besser, indem man das Obst vor dem Verladen stark abkühlt und es dann in nicht gekühlten, aber gut isolierten Wagen befördert. Diese letzte Methode wird in Amerika — unter der Bezeichnung „precooling“ — in sehr ausgedehntem Maße angewendet.

Ferner ergibt sich aus den Versuchen, daß sich die verschiedenen Kirschensorten unter gleichen äußeren Verhältnissen sehr ungleich verhalten. Zwecks besserer Übersicht ist in folgender Tabelle der Prozentsatz der nach 22- bzw. 40 tägiger

Lagerung verdorbenen Früchte für rote Herzkirschen, schwarze Herzkirschen und saure Kirschen angegeben. Die Zahlen beziehen sich auf offene Körbe im Kühlraum I der Union-Brauerei in Groß-Gerau bei einer Temperatur von + 1,5° und einer relativen Feuchtigkeit von 83%.

Frucht	Zustand bei der Einlagerung	% verdorbene Früchte	
		nach 22 Tagen	nach 40 Tagen
		%	%
Rote Herz-Kirschen . . .	gesund	5	—
	beginnende Zersetzung	16	—
Schwarze Herz-Kirschen .	gesund	20	60
	beginnende Zersetzung	35	—
Saure Kirschen	gesund	2	20
	beginnende Zersetzung	15	80

Wir sehen, daß saure Kirschen die Lagerung im Kühlhause am längsten vertragen; fast ebensogut halten sich rote Herzkirschen, wogegen schwarze Herzkirschen, vermutlich wegen ihres geringeren Säuregehaltes, eine wesentlich kürzere Haltbarkeit besitzen. Eine Verschimmelung von 20% wurde bei den im gesunden Zustand eingelagerten schwarzen Herzkirschen nach 22 Tagen, bei den sauren Kirschen dagegen erst nach 40 Tagen festgestellt. Eine so lange Aufbewahrung wird aber in der Regel kaum gefordert werden. Man kann aus den Versuchen schließen, daß sich bei den angegebenen Luftverhältnissen (+ 1,5°; 83%) saure Kirschen 4 bis 5 Wochen, rote Herzkirschen 3 bis 4 Wochen und schwarze Herzkirschen 8 bis 10 Tage ohne nennenswerten Verlust konservieren lassen.

Die Luftverhältnisse im Kühlraum II der Union-Brauerei in Groß-Gerau (± 0°; 92,5%) scheinen für alle Kirschensorten noch etwas günstiger zu sein als im Kühlraum I (+ 1,5°; 83%); insbesondere war im Kühlraum II die Zeit bis zum Auftreten der ersten Schimmelspuren auf dem im gesunden Zustand eingelagerten Obst länger.

Viel ungünstiger waren die Ergebnisse in dem sehr feuchten Lagerraum der Brauerei Binding in Frankfurt (+ 1,5°, 96%), wie aus folgender Tabelle zu ersehen ist:

Frucht	Zustand bei der Einlagerung	% verdorbene Früchte	
		nach 25 Tagen	nach ca. 40 Tagen
		%	%
Rote Herz-Kirschen . . .	gesund	25	50
	beginnende Zersetzung	40	—
Schwarze Herz-Kirschen .	gesund	—	—
	beginnende Zersetzung	60	80
Saure Kirschen	gesund	—	45
	beginnende Zersetzung	100	100

Der hohe Feuchtigkeitsgehalt war den sauren Kirschen besonders unzuträglich, aber auch die anderen Kirschen zeigten bei gleicher Temperatur einen viel rascheren Verfall als in dem trockeneren Kühlraum I in Groß-Gerau. Eine relative Feuchtigkeit von 83% ist also bei + 1,5° für Kirschen viel günstiger als eine solche von 96%. Ob eine noch stärkere Herabsenkung der Feuchtigkeit auf etwa 70% weitere Vorteile mit sich bringt, müßte erst durch neue Versuchsreihen entschieden werden. Mit zunehmender Trockenheit der Luft steigt jedenfalls der Gewichtsverlust, so daß die Früchte bald runzlig und unansehnlich werden; es ist daher wahrscheinlich, daß das Optimum nicht weit von 80% entfernt liegen wird.

Von den drei untersuchten Kirschensorten ergaben sich bei sauren Kirschen die kleinsten — bei roten Herzkirschen die größten Gewichtsverluste. Im Kühlraum I in Groß-Gerau wurden z. B. nach 22 Tagen im Mittel folgende Gewichtsverluste gefunden:

bei roten Herzkirschen . . . . 5,5 %
bei schwarzen Herzkirschen . . . . 4,7 %
bei sauren Kirschen . . . . 3,4 %.

Die sauren Kirschen verhalten sich also auch in dieser Beziehung am günstigsten; sie eignen sich am besten für die Konservierung durch Kälte, wenn sie nur vor dem Eintritt von Zersetzungserscheinungen ins Kühlhaus gebracht werden.

Das Gesetz der Ausbreitung des Schimmels im Obst wird durch die Fig. 7 und 8 dargestellt. Die Ausbreitungsgeschwindigkeit nimmt danach im Laufe der Lagerzeit zu, was offenbar auf die ständige Bildung neuer Schimmelherde zurückzuführen ist, von denen die Pilze auf die benachbarten Schichten in allen Richtungen übertragen werden.

Versuche, die an anderen Stellen mit der Kaltlagerung von Kirschen gemacht wurden, ergaben folgende Resultate:

Im Kühlhause „Vriesseveem" in Amsterdam wurden im Jahre 1906 versuchsweise Kirschen (cerises de mai ou cerises d'Angleterre) kalt gelagert[1]). Die Früchte wurden nach 3 Wochen in ausgezeichnetem Zustand aus dem Kühlhause entfernt, so daß mit einer Konservierungsmöglichkeit bis zu 6 Wochen gerechnet werden kann. Genaue Angaben über die Temperatur im Lagerraum fehlen, sie dürfte sich aber in der Nähe von 0° bewegen.

Nach Göttsche[2]) soll es möglich sein, Kirschen bei einer Temperatur von — 1 bis + 1° und 70% relativer Feuchtigkeit 30 Tage in gutem Zustande zu erhalten.

Die amerikanischen Erfahrungen reichen bei der Kaltlagerung von Kirschen auch noch nicht weit; dieselben werden dort in der Regel nur 2 bis 3 Tage gelagert und so bald wie möglich verkauft. Bei längerer Aufbewahrung, die aber nur selten in Frage kommt, werden Temperaturen von 0 bis + 2° empfohlen[3]).

Bei den in England angestellten Kaltlagerungsversuchen[4]) wurden Kirschen bei + 5,5°, + 2° und — 1° C aufbewahrt, und zwar a) unverpackt, b) in Fettpapier eingewickelt und c) in Baumwolle eingewickelt. Bei + 5,5° waren die Kirschen nach 14 Tagen gesund, aber etwas trübe (a), etwas schimmlig (b)

---

[1]) Vattier-Kraane, »L'entrepot frigorifique le ‚Vriesseveem' à Amsterdam«, Berichte des I. intern. Kältekongresses, Paris 1908, II. Bd., S. 805.

[2]) Göttsche, »Die Kältemaschinen und ihre Anlagen«, 5. Auflage, Hamburg 1912—1915, S. 273 u. 713.

[3]) Vgl. »Deutsche Obstbauzeitung« Heft 10 u. 11, 1909, S. 174 und Heft 20, 1907, S. 317.

[4]) W. Wright, »Fruit Preservation«, London 1899, Kent County Council, Technical Education Commitee. Vgl. auch Zeitschr. f. d. ges. Kälte-Industrie 1900, S. 177.

bzw. gesund, frisch und klar (c). Nach 3 Wochen waren aber schon alle Früchte verdorben (a, b und c). Bei + 2° und in noch höherem Maße bei — 1° C konnten die Früchte 4 Wochen lang gut erhalten werden, abgesehen von einer Trübung der Oberfläche in den Fällen a) und b). Am günstigsten wirkte also eine Temperatur von etwa 0 bis — 1° C und eine Verpackung in Baumwolle. Es wird empfohlen, die Früchte in den Kühlraum zu bringen, ehe sie ganz reif sind und den Kühlraum trocken zu halten.

IV. Rote Johannisbeeren.

Herkunft des Obstes: Plantagen Groß-Gerau.

A. Union, Groß-Gerau I (+1,5°; 83%).

1. Gepflückt am 13. 7. 15 bei Regenwetter, in den Kühlraum gelagert am 14. 7. 15 nachmittags. Verpackung: 2 offene Körbe, Schütthöhe 22 cm, Durchmesser 48 cm.

Gewicht 17,02 kg und 18,02 kg netto. Zustand: naß, leichter Schimmelgeruch. Befund: nach 7 Tagen unverändert, nach 22 Tagen 7%, nach 40 Tagen 40% vom Schimmel angegriffen. Der Gewichtsverlust betrug nach 13 Tagen 1,8%, nach 22 Tagen 3,2% und nach 40 Tagen 6,2%.

2. Gepflückt am 14. 7. 15 vormittags bei Regenwetter, in den Kühlraum gelagert 14. 7. 15 nachmittags. Verpackung: offener Korb, innen mit Zeitungspapier ausgelegt, Schütthöhe 25 cm, Durchmesser 45 cm.

Gewicht 17,2 kg netto. Zustand: durchaus gesund, naß. Befund: nach 14 Tagen unverändert, danach beginnende Schimmelbildung, die sich ziemlich rasch verbreitet, so daß nach 40 Tagen ca. 30% verdorben waren. Der Gewichtsverlust betrug nach 13 Tagen 2,1%, nach 35 Tagen 5,1% und nach 40 Tagen 5,9%.

3. Behandlung wie unter A 2. Verpackung: kleines offenes Körbchen, Schütthöhe 10 cm, Länge 38 cm, Breite 15 cm.

Gewicht 2,53 kg netto; Zustand: durchaus gesund, naß. Befund: nach 14 Tagen unverändert, danach ganz langsam einsetzende Schimmelbildung. Nach 22 Tagen sind erst 2%, nach 44 Tagen aber schon ca. 20% vom Schimmel befallen. An der Oberfläche des Körbchens sind die Beeren etwas eingeschrumpft. Die prozentualen Gewichtsverluste waren hier wegen der im Verhältnis zum Inhalt größeren verdunstenden Oberfläche auch größer: nach 13 Tagen waren es schon 3,5%, nach 22 Tagen 6,1%, nach 35 Tagen 10,7% und nach 44 Tagen 11,9%.

Aus diesen Vergleichsversuchen sehen wir wieder, daß sich die Früchte um so besser halten, je schneller sie nach dem Pflücken ins Kühlhaus kommen. Während die am Tage des Pflückens eingelagerten Beeren (A 2) 14 Tage unverändert blieben, setzte die Schimmelbildung schon nach 7 Tagen ein, wenn die Einlagerung erst am folgenden Tage erfolgte (A 1).

Wir erkennen ferner, daß eine geringere Schütthöhe (A 3 im Vergleich mit A 2) zwar eine langsamere Verbreitung des Schimmels, dafür aber einen wesentlich höheren Gewichtsverlust zur Folge hat. Leider sind aber beim Obst beide Erscheinungen in gleichem Maße nachteilig, weil der Gewichtsverlust eine Schrumpfung der Oberfläche und damit ein unvorteilhaftes Aussehen zur Folge hat, und weil außerdem zugleich mit dem Wasser auch die aromatischen Substanzen mitverdunsten, die das spezifische Aroma der Früchte verursachen.

B. Union, Groß-Gerau II (±0°; 92,5%).

Herkunft und Behandlung des Obstes wie unter A 2. Verpackung: kleines Körbchen, Schütthöhe 10 cm, Länge 38 cm, Breite 15 cm.

Gewicht 2,75 kg netto. Zustand: durchaus gesund, naß. Befund: nach 14 Tagen unverändert, nach 22 Tagen ca. 1%, nach 44 Tagen aber schon ca. 25% mit Schimmelansatz. Gewichtsverlust nach 13 Tagen 2,2%, nach 22 Tagen 3,1%, nach 35 Tagen 4,3% und nach 44 Tagen 5,3%.

Die Herabsenkung der Temperatur um 1,5° gegenüber dem Fall A hatte also, trotz der gleichzeitigen Erhöhung der relativen Feuchtigkeit, keine stärkere Schimmelbildung zur Folge und zugleich sind die Gewichtsverluste etwa um die Hälfte zurückgegangen. Die tiefere Temperatur ist also zweifellos am Platze.

C. Binding, Frankfurt a. M. (+1,5°; 96%).

Herkunft und Behandlung des Obstes wie unter A 1. Verpackung: 3 offene Körbe, Schütthöhe 22 bis 25 cm, Durchmesser 40 bis 45 cm.

Gewicht 14,05 kg, 18,05 kg und 14,95 kg netto. Zustand: naß, etwas weich, leichte Schimmelbildung. Befund: nach 2 Tagen unverändert, danach rasch zunehmende Verschimmelung, so daß nach 25 Tagen 65% und nach 39 Tagen nahezu alle Früchte verschimmelt sind. Gewichtsverlust nach 14 Tagen 0,6%, nach 25 Tagen 2,3% und nach 39 Tagen 3,2%.

Der hohe Feuchtigkeitsgehalt in diesem Kühlhaus hat also zweifellos ungünstig eingewirkt (vgl. A 1).

D. Bachmann, Frankfurt a. M. (±0°; 91,5%).

Herkunft und Behandlung des Obstes wie unter A 1. Verpackung: offener Korb, Schütthöhe 22 cm, Durchmesser 48 cm.

Gewicht 17,05 kg netto. Zustand: gesund, ziemlich feucht. Befund: zunächst bei +1 bis +4° in den ersten 4 Tagen unverändert, nach 11 Tagen etwa 10% mit Schimmelansatz. Dann bei 0 bis —2° nach 24 Tagen 40%, nach 37 Tagen 85% verschimmelt. Der Gewichtsverlust betrug nach 37 Tagen nur 1,2%.

Auch hier hat offenbar die höhere Temperatur bei Beginn der Lagerung den raschen Verfall begünstigt. Nachdem am 11. Tage schon 10% der Beeren Schimmelansatz aufwiesen, konnte eine Herabsenkung der Temperatur die Verbreitung des Schimmels nicht mehr wirksam aufhalten.

Zusammenfassung der Versuchsergebnisse für rote Johannisbeeren.

Früchte, die im gesunden Zustand bald nach dem Pflücken in den Kühlraum gelangen, können sowohl bei + 1,5° und 83% relativer Feuchtigkeit, wie auch bei ± 0° und 92% relativer Feuchtigkeit ca. 3 Wochen ohne nennenswerten Verlust erhalten werden. Bei längerer Lagerung greift aber die Schimmelbildung ziemlich rasch um sich. Bei + 1,5° und 96% relative Feuchtigkeit ist die Haltbarkeit bedeutend kürzer. Der Aufenthalt in höheren Temperaturen, bis zu + 4°, bei Beginn der Lagerung verkürzt ebenfalls die Haltbarkeit.

In der Literatur findet man nur sehr spärliche Angaben über die Kaltlagerung von Johannisbeeren. M. Cooper[1]) gibt an, daß es in Nordamerika gelungen ist, Johannisbeeren bei 0 bis + 1° ohne Schaden 4 bis 6 Wochen zu erhalten; rote Johannisbeeren erwiesen sich dabei haltbarer als weiße. Die Früchte wurden in flachen Schichten verpackt, und die obere Schicht wurde durch Papier geschützt.

Nach einer anderen Quelle[2]) sollen die von den Regierungsorganen in den Vereinigten Staaten ausgeführten Versuche für Johannisbeeren eine Konservierungsdauer im Kühlraum von 2 bis 5 Wochen ergeben haben. Schwarze Johannisbeeren konnten 10 Tage gut erhalten werden.

Die englischen Versuche[3]) ergaben, daß schwarze Johannisbeeren sehr empfindlich sind und längstens 10 Tage erhalten werden können; die günstigste Temperatur ist 0°. Rote Johannisbeeren vertragen aber eine viel längere Aufbewahrung; bei 0 bis + 2° konnten sie bis zu 16 Wochen in gutem Zustande erhalten werden; tiefere Temperaturen haben sich aber nicht als vorteilhaft erwiesen, denn bei — 1° verloren die Früchte ihren Glanz und bei — 2,7° erfroren sie.

V. Heidelbeeren (Blaubeeren).

Von diesen Beeren konnten leider keine ganz frisch gepflückten für die Versuche erhalten werden; wir mußten uns vielmehr mit einem Material begnügen, welches einen längeren Transport bei warmem Wetter durchgemacht hat und sich schon aus diesem Grunde für die nachträgliche Aufbewahrung im Kühlhaus nicht sehr eignet. Die Ergebnisse sind denn auch bei diesen empfindlichen Früchten ziemlich unbefriedigend.

---

[1]) Madison Cooper, »The practical cold storage«, vgl. Deutsche Obstbauzeitung, Heft 10 u. 11, 1909, S. 175.

[2]) »Die Kaltlagerung und der Kältetransport schnell verderblicher Waren«, herausgegeben vom russischen Kältekomitee, St. Petersburg 1913, S. 73 bis 96 (in russischer Sprache).

[3]) W. Wright, a. a. O.

Herkunft des Obstes: Passau. Gepflückt am 11. 7. 15, Transportdauer 3 Tage bei +18°, in die Kühlräume gelagert am 14. 7. 15. nachm.

A. Union, Groß-Gerau I (+1,5°; 83%).

1. Verpackung: Holzkiste mit Deckel, Schütthöhe 14 cm, Länge 49 cm, Breite 41 cm. Gewicht 18,48 kg netto. Zustand: ziemlich feucht, besonders im Innern, sonst gesund. Befund: nach 5 Tagen unverändert, danach beginnende Schimmelbildung, die sich rasch verbreitet, so daß nach 13 Tagen 10% und nach 40 Tagen schon 80% der Beeren unbrauchbar sind. Gewichtsverlust nach 13 Tagen 2,1%, nach 40 Tagen 6,7%.

2. Verpackung: Holzkiste ohne Deckel, Abmessungen wie unter A 1. Gewicht 16,77 kg netto. Zustand: ziemlich feucht, stellenweise Klumpen und Schimmelbildung. Befund: nach 3 Tagen unverändert, danach rasche Verbreitung des Schimmels in der ganzen Kiste, so daß nach 7 Tagen 10%, nach 13 Tagen 30% und nach 22 Tagen der ganze Inhalt verschimmelt ist. Der Gewichtsverlust betrug nach 13 Tagen 3,5% und nach 22 Tagen 5,9%.

Aus diesen Versuchen erkennt man deutlich den Einfluß des Zustandes der Beeren bei der Einlagerung auf die Haltbarkeit. Beeren, die bald nach dem Pflücken trocken gelagert worden wären, hätten sich zweifellos noch viel besser gehalten als im Fall A 1. Der geringere Gewichtsverlust bei A 1 ist auf den Verschluß der Holzkiste zurückzuführen.

B. Union, Groß-Gerau II (±0°; 92,5%).

Verpackung: kleines Körbchen, Schütthöhe 10 cm, Länge 38 cm, Breite 15 cm. Gewicht 3,22 kg netto. Zustand: ziemlich feucht, sonst gesund. Befund: nach 5 Tagen unverändert, nach 13 Tagen 10% mit Schimmelansatz, Geruch schnapsig, nach 35 Tagen ca. 80% vom Schimmel befallen. Gewichtsverlust nach 13 Tagen 3,9%, nach 35 Tagen 7,0%. Dieser Befund deckt sich fast vollkommen mit demjenigen von A 1, nur die Gewichtsverluste sind wegen des kleineren Inhalts und der offenen Verpackung höher.

C. Binding, Frankfurt a. M. (+1,5°; 96%).

Verpackung: 2 Holzkisten ohne Deckel, Schütthöhe 14 und 16 cm, Länge 49 cm, Breite 42 cm. Gewichte 16,82 und 20,45 kg netto. Zustand: naß, matschig, leichter Schnapsgeruch und beginnende Schimmelbildung. Befund: nach 2 Tagen unverändert, danach rasch zunehmende Schimmelbildung, so daß nach 25 Tagen der ganze Inhalt der Kisten mit Schimmel durchsetzt ist. Die Beeren erhalten eine bräunlich-violette Verfärbung. Der Gewichtsverlust ist bei der hohen Luftfeuchtigkeit gering, und zwar nach 14 Tagen 0,7%, nach 25 Tagen 2,1%.

Die hohe Feuchtigkeit im Raum war zweifellos nicht günstig.

Zusammenfassung der Versuchsergebnisse für Heidelbeeren.

Die Ergebnisse sind, wie bereits hervorgehoben, dadurch getrübt, daß es nicht gelungen ist, frisch gepflückte, trockene Beeren zu lagern. Nach 3 tägigem Transport in feuchtem Zustand gelagerte Beeren konnten etwa 8 Tage ohne nennenswerten Verlust erhalten werden, und zwar sowohl bei + 1,5°

und 83% relativer Feuchtigkeit in einer Holzkiste von 14 cm Schütthöhe, wie auch bei 0° und 92,5% relativer Feuchtigkeit im Korb von 10 cm Schütthöhe.

Frische und trockene Beeren würden bei gleichen Lagerungsbedingungen voraussichtlich 12 bis 14 Tage konserviert werden können.

In der Literatur finden sich keinerlei Angaben über die Kaltlagerung von Heidelbeeren, es ist uns jedoch bekannt, daß diese Beeren im Kühlhaus Zentrum in Hamburg bei einer Temperatur von + 2 bis + 4° in trockener Luft bis zu 14 Tagen aufbewahrt werden konnten, ohne Schaden zu leiden, wenn sie nur in tadellosem Zustand ins Kühlhaus gebracht wurden.

VI. Grüne und rote Stachelbeeren.

Die bei den Versuchen verwendeten Stachelbeeren wurden im vollreifen Zustand bald nach dem Pflücken eingelagert.

Herkunft des Obstes: Plantagen Groß-Gerau. Gepflückt am 14. 7. 15 vormittags bei Regen und kühlem Wetter, in die Kühlräume gelagert am Nachmittag des gleichen Tages.

A. Union, Groß-Gerau I (+1,5°; 83%).

Verpackung: 2 Körbe innen mit Zeitungspapier ausgelegt, Schütthöhe 25 cm, Durchmesser 47 cm und 1 kleines Körbchen, Schütthöhe 10 cm, Länge 38 cm, Breite 15 cm. Gewichte: 19,63 kg, 16,85 kg und 3,10 kg netto. Zustand: gesund, reif, feucht. Befund: nach 7 Tagen unverändert nach 13 Tagen vielfach überreif, im Innern viele Beeren geplatzt, etwa 15% mit Schimmelbelag. Danach rasch zunehmende Verschimmelung und Durchweichung mit starkem Saftaustritt, besonders aus den großen Körben. Nach 17 Tagen ist über die Hälfte, nach 22 Tagen der ganze Inhalt von Schimmel durchsetzt. Konsistenz matschig. Gewichtsverlust in den großen Körben: nach 13 Tagen 7,3%, nach 22 Tagen 16,9%; im kleinen Körbchen nach 13 Tagen 4,5%, nach 22 Tagen 10,8%. Der Gewichtsverlust ist weniger durch Verdunstung als durch Saftaustritt bedingt.

B. Union, Groß-Gerau II (±0°; 92,5%).

Verpackung: kleines Körbchen, Schütthöhe 10 cm, Länge 38 cm, Breite 15 cm. Gewicht: 3,54 kg netto. Zustand: gesund, feucht. Befund: wie unter A, jedoch viel schwächerer Saftaustritt und dementsprechend geringerer Gewichtsverlust, und zwar nach 13 Tagen 2,7%, nach 22 Tagen 5,5%.

C. Binding, Frankfurt a. M. (+1,5°; 96%).

Die Früchte wurden von Groß-Gerau bei Regenwetter nach Frankfurt gebracht und haben sich beim Transport etwas gequetscht. Verpackung: offener Korb, mit Zeitungspapier ausgelegt, Schütthöhe 13 cm, Durchmesser 44 cm. Gewicht: 5,41 kg netto. Zustand: naß, reif, zum Teil zerquetscht. Befund: nach 4 Tagen unverändert, danach rasch zunehmende Durchweichung mit starkem Saftaustritt und Schimmelbildung. Die Beeren verlieren ihren Glanz. Nach 19 Tagen ist der ganze Inhalt matschig und verdorben. Gewichtsverlust nach 19 Tagen ca. 8%.

Zusammenfassung der Versuchsergebnisse für Stachelbeeren.

Es wurde nur die Konservierung reifer Stachelbeeren untersucht. Dieselben konnten sowohl bei +1,5° und 83% relativer Feuchtigkeit wie auch bei 0° und 92,5% relativer Feuchtigkeit 8 bis 10 Tage in gutem Zustand erhalten werden. Die Beeren gelangten dabei etwa 10 Stunden nach dem Pflücken in den Kühlraum. Eine längere Aufbewahrung erscheint nicht möglich, weil die Beeren rasch nachreifen und selbst bei mäßigen Schütthöhen aufplatzen. Es scheint, daß die grünen Beeren etwas widerstandsfähiger sind als die roten. Es ist anzunehmen, daß man die Stachelbeeren länger im Kühlraum konservieren kann, wenn sie nicht ganz reif gepflückt werden.

In der Literatur fanden wir nur eine Angabe über die Kaltlagerung von Stachelbeeren, und zwar bei Göttsche (a. a. O.); danach sollen diese Beeren bei + 2 bis + 3° 45 Tage lang gut erhalten werden können; uns erscheint jedoch diese Angabe einer Nachprüfung bedürftig.

VII. Himbeeren.

Himbeeren sind zweifellos die empfindlichsten und für die Aufbewahrung wie für den Transport am wenigsten geeigneten Früchte. Sie sind sehr saftreich und besitzen keine feste schützende Haut, wie z. B. die Johannisbeeren, Heidelbeeren und Stachelbeeren. Sie leiden daher schon bei relativ schwachen Pressungen und dürfen nur in kleinen Emballagen aufbewahrt und versandt werden. Die Himbeeren besitzen ferner ein hervorragend feines Aroma, dessen Einbuße eine entsprechende Wertverminderung zur Folge hat. Da nun aber bei längerer Aufbewahrung im Kühlraum das Aroma aller Obstsorten merklich zurückgeht, so wird man Himbeeren schon aus diesem Grunde nur kurze Zeit aufbewahren können. Eine längere Aufbewahrung wird auch nicht verlangt.

A. Union, Groß-Gerau I (+1,5°; 83%).

Herkunft des Obstes: Cronberg im Taunus. Gepflückt am 8. 8. 15 bei nebeligem Wetter. Transportdauer 1 Tag bei +20°. Eingelagert in den

Kühlraum am 9. 8. 15 vormittags. Verpackung: Körbchen, Schütthöhe 9 cm, Länge 14 cm, Breite 9 cm. Gewicht 605 g netto. Zustand: reif, im allgemeinen gesund, einzelne Früchte etwas matschig. Befund: nach 2 bis 3 Tagen unverändert, danach beginnende Schimmelbildung. Nach 7 Tagen drei kleine Schimmelherde, etwa 10% verschimmelt, nach 11 Tagen ca. 20% verschimmelt. Gewichtsverlust nach 9 Tagen 9,4%, nach 11 Tagen 11,1%.

B. Union, Groß-Gerau II (±0°; 91%).

Herkunft des Obstes: Taunus, gepflückt am 10. 9. 15 (späte Himbeere), Transportdauer 1 Tag bei +18°. Eingelagert in den Kühlraum am 11. 9. 15. Verpackung: Körbchen, Schütthöhe 8 cm, Länge 21 cm, Breite 15 cm. Gewicht: 1,20 kg netto. Zustand: reif, im allgemeinen gesund, jedoch einige Früchte sehr weich. Befund: nach 5 Tagen unverändert. Nach 9 Tagen fingen einige Beeren an, sich dunkel zu verfärben, nach 12 Tagen zeigten sich die ersten Schimmelansätze, nach 14 Tagen hatte der Schimmel ca. 10% der Beeren angegriffen, und nach 18 Tagen war etwa der vierte Teil verdorben. Das Aroma war durch den muffigen Geruch des Schimmels stark beeinträchtigt. Nach neuntägiger Lagerung betrug der Gewichtsverlust 2,5%.

C. Binding, Frankfurt a. M. (+1,5°; 96%).

Herkunft des Obstes: Niederhöchstadt im Taunus. Gepflückt am 16. 7. 15, Transportdauer 1 Tag bei +16°. Eingelagert in den Kühlraum am 17. 7. 15. Verpackung: 2 Körbchen, Schütthöhe 8 cm, Länge 22 cm, Breite 15 cm. Gewicht je 1,28 kg netto. Zustand: sehr gute Qualität, reif, vollkommen gesund und trocken. Befund: nach 2 Tagen unverändert, am dritten Tag beginnende Schimmelbildung, nach 12 Tagen ist schon ca. ein Viertel der Früchte mit Schimmel bedeckt, und die übrigen Früchte sind sehr weich geworden, es beginnt Saft auszutreten. Nach 20 Tagen ist der ganze Inhalt verdorben. Gewichtsverlust nach 12 Tagen 1,6%, nach 20 Tagen ca. 6%.

Die hohe Luftfeuchtigkeit war für die Beeren offenbar schädlich; trotzdem sie in tadellosem Zustand eingelagert waren, begann die Schimmelbildung schon am dritten Tage.

D. Bachmann, Frankfurt a. M. (+1,5°; 92,5%).

Herkunft und Behandlung des Obstes wie unter C. Verpackung: Körbchen, Schütthöhe 7 cm, Länge 14 cm, Breite 9 cm. Gewicht: 480 g netto. Zustand: sehr gute Qualität, reif, vollkommen gesund und trocken. Befund: die ersten 2 Tage bei +3,5° unverändert. Die Temperatur hält sich bis zum 5. Tage auf +3° und sinkt in den folgenden Tagen langsam bis 0°. Am dritten Tag tritt die erste Schimmelbildung auf, und am elften Tag ist schon die Hälfte der Beeren verdorben.

Hier ist der schnelle Verfall einerseits auf die höhere Temperatur in den ersten 5 Lagertagen und anderseits wohl auch auf die höhere Luftfeuchtigkeit zurückzuführen.

Zusammenfassung der Versuchsergebnisse für Himbeeren.

Die Haltbarkeit der Himbeeren war in allen von uns benutzten Kühlräumen nur sehr beschränkt. Am längsten, und zwar etwa eine Woche, hielten sich gesunde Früchte bei 0° und 92,5% relativer Feuchtigkeit (Groß-Gerau II), wobei allerdings einzelne Früchte schon bei der Einlagerung etwas weich waren. Bei der höheren Temperatur von + 1,5° war die Haltbarkeit geringer, und zwar betrug sie bei 83% relativer Feuchtigkeit und teilweise weichen Früchten 3 bis 4 Tage, dagegen bei 96% relativer Feuchtigkeit und ganz festen und trockenen Früchten nur 2 bis 3 Tage. Bei einer Temperatur von + 3,5° und 92,5% relativer Feuchtigkeit trat bei ganz gesunden festen Beeren schon nach 2 Tagen die erste Schimmelbildung ein.

Alle diese Ergebnisse deuten darauf hin, daß eine längere Aufbewahrung von Himbeeren nur bei tiefen Temperaturen (0° oder noch etwas tiefer[1]) und in verhältnismäßig trockener Luft (70 bis 80%) möglich ist. Versuche in dieser Richtung wären sehr erwünscht. Wir sind der Ansicht, daß selbst bei günstigsten Lagerungsbedingungen eine mehr wie zweiwöchige Aufbewahrung kaum zu erzielen sein wird, da das Aroma der Früchte allmählich schwindet. In den meisten Fällen genügt allerdings schon eine Haltbarkeit von wenigen Tagen. In der Literatur konnten wir keinerlei Angaben über die Kaltlagerung von Himbeeren finden.

VIII. Erdbeeren.

Als wir mit unseren Kaltlagerungsversuchen begannen (Mitte Juli), war die Erdbeerernte bereits vorüber. Es gelang nur noch, einen kleinen Versuch im Kühlraum von Bachmann in Frankfurt mit einem Körbchen Erdbeeren, die im Taunus gepflückt waren, durchzuführen. Die Früchte waren gesund aber teilweise matschig und hielten sich bei + 3,5° und 92,5% relativer Feuchtigkeit 3 Tage unverändert. Danach trat an verschiedenen Stellen Schimmelbildung ein, die Früchte verloren ihren Glanz und büßten auch an Aroma ein. Wir haben trotzdem den Eindruck, daß Erdbeeren weniger empfindlich sind wie Himbeeren und bei richtiger Wahl der Luftverhältnisse eine mehrwöchige Aufbewahrung im Kühlraum vertragen können.

---

[1]) Die Temperatur kann unbedenklich unter null Grad herabgesenkt werden, da die Himbeeren erst bei etwa —5° gefrieren.

Auch in Amerika scheint man sich über die günstigsten Lagerungsverhältnisse für Erdbeeren noch nicht klar zu sein. Manche empfehlen eine Temperatur von 0 bis 2°, wobei sich die Beeren 10 bis 14 Tage gut halten sollen[1]), andere wieder halten + 2 bis + 3 oder gar + 5 bis + 6° für vorteilhafter[2]).

Die englischen Versuche[3]) haben ergeben, daß Erdbeeren bis zu 3 Wochen konserviert werden können, wenn die Temperatur auf 0 bis — 1° gehalten wird. Es empfiehlt sich, die Beeren in Baumwolle einzuwickeln.

Nach Göttsche (a. a. O.) sollen sich Erdbeeren bei — 1 bis + 2° und 70% relativer Feuchtigkeit 30 Tage konservieren lassen. Stetefeld[4]) gibt + 3° als die vorteilhafteste Temperatur an.

Die ersten Versuche mit der Kaltlagerung von Erdbeeren in Deutschland wurden von Schmitz-Hübsch in Merten durchgeführt[5]). Er fand, daß das Kühlen der Erdbeeren (bei ca. + 2° und in ziemlich feuchter Luft) für kurze Zeit möglich ist, daß sie aber nachher leicht ihren Glanz verlieren.

Schließlich ist noch daran zu erinnern, daß man in den mittelschwedischen Städten, wo der Verbrauch von Beerenobst sehr bedeutend ist, vielfach Erdbeeren in allerdings unvollkommenen Kühlräumen und Eiskammern aufbewahrt, wobei sie sich 10 bis 12 Tage erhalten lassen.

Steinobst.

IX. Aprikosen.

Herkunft des Obstes: Mombach bei Mainz. Gepflückt am 11. 7. 15. Transportdauer 2 Tage bei +14°. Eingelagert in die Kühlräume am 14. 7. 15.

A. Union, Groß-Gerau I (+1,5°; 83%).

1. Verpackung: 2 offene Körbe mit Zeitungspapier ausgelegt, Schütthöhe 14 bis 15 cm, Länge 44 cm, Breite 29 cm. Gewichte 8,66 und 9,81 kg netto. Zustand: durchaus gesund, reif. Befund: nach 6 Tagen unverändert, danach beginnende Fäulnisbildung, nach 10 Tagen beginnende Schimmelbildung, nach 13 Tagen ca. 5% und nach 22 Tagen 15% verdorben. Gewichtsverlust nach 13 Tagen 3%, nach 22 Tagen 6,3%.

---

[1]) Deutsche Obstbauzeitung 1907, Heft 20, S. 317 u. 318.

[2]) Daselbst 1909, Heft 10 u. 11, S. 174.

[3]) W. Wright, a. a. O.

[4]) „Eis- und Kälte-Industrie" 1911, Heft 7.

[5]) Deutsche Obstbauzeitung 1914, Heft 11, S. 246.

2. Verpackung: 3 offene Körbe mit Papier ausgelegt, Schütthöhe 10 bis 14 cm, Länge 44 cm, Breite 29 cm. Gewichte 4,63 kg, 8,29 kg und 8,51 kg netto. Zustand: reif, an der Oberfläche der Körbe gesund, im Innern jedoch beginnende Fäulnis. Befund: nach 4 Tagen unverändert, danach zunehmende Fäulnis- und nach 7 Tagen beginnende Schimmelbildung. Nach 13 Tagen sind 10%, nach 22 Tagen 30% und nach 40 Tagen ca. 70% verdorben. Gewichtsverlust nach 13 Tagen 3,1%, nach 22 Tagen 5,6% und nach 40 Tagen 8,2%.

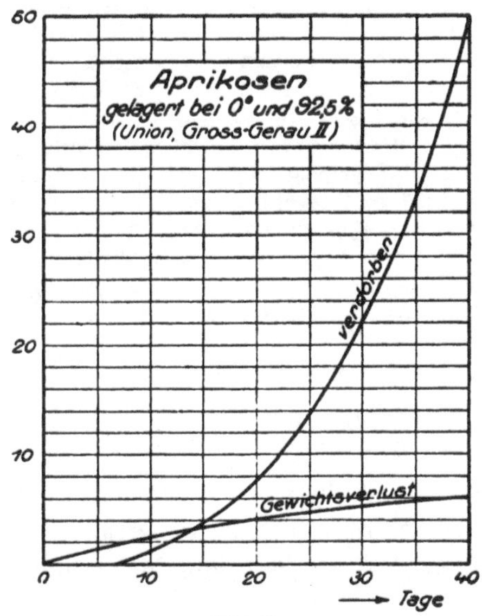

Fig. 9.

Der Einfluß des Zustandes bei der Einlagerung tritt bei diesen Vergleichsversuchen deutlich hervor.

B Union, Groß-Gerau II (±0°; 92,5%).

Verpackung: kleines Körbchen, Schütthöhe 10 cm, Länge 38 cm, Breite 15 cm. Gewicht 3,19 kg netto. Zustand: durchaus gesund, reif. Befund: nach 7 Tagen unverändert, danach beginnende Schimmel- und Fäulnisbildung.

Nach 13 Tagen	2 bis 3%	verdorben,	3,0%	Gewichtsverlust
„ 22 „	10%	„	4,1%	„
„ 35 „	33%	„	5,7%	„
„ 44 „	ca. 70%	„	6,9%	„

Diese Veränderungen sind in Fig. 9 graphisch aufgetragen. Ein Vergleich mit den Fig. 7 u. 8 lehrt, daß die Gesetze der Verdunstungsgeschwindigkeit und des zeitlichen Verfalls der Früchte bei Aprikosen qualitativ die gleichen sind wie bei Kirschen. Auch bei allen anderen Obstsorten erhält man einen ähnlichen Verlauf der Kurven. Quantitativ findet man allerdings bei den einzelnen Sorten bedeutende Abweichungen.

C. Binding, Frankfurt a. M. (+1,5°; 96%).

1. Verpackung: 4 Körbe mit Papier ausgelegt, Schütthöhe 18 cm, Länge 38 bis 44 cm, Breite 28 bis 30 cm. Gewichte 10,22 kg, 11,21 kg, 7,75 kg und 9,95 kg netto. Zustand: reif, die meisten gesund, einzelne mit Baumschäden und angefault. Befund: nach 3 Tagen unverändert, am vierten Tage beginnende Schimmelbildung und zunehmende Fäulnis. Nach 14 Tagen sind etwa 15% der Früchte beschädigt, der Gesamteindruck ist aber noch gut. Bei längerer Lagerung schreiten jedoch die Verfallprozesse rasch vor, so daß nach 25 Tagen die Hälfte und nach 39 Tagen nahezu der ganze Inhalt der Körbe verdorben ist. Gewichtsverlust nach 14 Tagen 0,7%, nach 25 Tagen 2,5% und nach 39 Tagen 5,2%.

2. Verpackung wie C 1. Gewicht 9,53 kg netto. Zustand: durchaus gesund, reif. Befund: nach 4 bis 5 Tagen unverändert, nach 14 Tagen 6 bis 8% und nach 25 Tagen ca. ein Viertel von Fäulnis und Schimmel befallen. Bezüglich der Gewichtsveränderung ergab sich in den ersten Tagen eine kleine Zunahme von ½%, die dann nach 25 Tagen in einen Gewichtsverlust von ca. 1% umschlug (vgl. III C 2, S. 55).

Der bessere Zustand des Obstes bei der Einlagerung im Fall C 2 hatte eine entsprechend längere Haltbarkeit zur Folge.

Zusammenfassung der Versuchsergebnisse für Aprikosen.

In gesundem Zustand eingelagerte reife Früchte aus dem Taunus konnten bei 0° und 92,5% relativer Feuchtigkeit 14 Tage ohne nennenswerten Verlust aufbewahrt werden. Bei +1,5° ist die Haltbarkeit geringer, und zwar beträgt sie 10 bis 12 Tage bei einer relativen Feuchtigkeit von 83% und 8 bis 10 Tage bei 96%.

Es ist wahrscheinlich, daß Früchte, die vor der vollen Reife ins Kühlhaus gelangen, eine längere Haltbarkeit besitzen würden, weil der Verfall hauptsächlich durch das schnelle Nachreifen und die anschließende Fäulnisbildung, weniger durch Schimmelbildung hervorgerufen wurde. Tiefere Temperaturen und größere Lufttrockenheit wirken günstig ein; ein Gefrieren tritt bei den Aprikosen erst unterhalb —2° ein, so daß die Temperatur auch noch etwas unter null Grad herabgesenkt werden könnte, ohne daß die Früchte Schaden nehmen.

Die kalifornischen Aprikosen werden die ersten 5 Tage bei +2° gelagert, um schnell durchzukühlen, später bei +4,5°[1]). Die Aufbewahrungsmöglichkeit ist kurz (wenige Wochen).

[1]) Deutsche Obstbauzeitung, Heft 20, 1907, S. 317.

Westaustralische Aprikosen halten sich im Kühlraum bei +1 bis +2° einen Monat; bei längerer Lagerung werden sie rübenartig. (Mittelwerte aus dreijährigen Versuchen.)[1])

Stetefeld a. a. O. hält eine Temperatur von 0° für die günstigste.

X. Pfirsiche.

Da wir uns zur Aufgabe gestellt hatten, in erster Linie billiges Wirtschaftsobst und nicht Edelobst zu untersuchen, so kamen für uns nur einfache Pfirsichsorten in Betracht, die hauptsächlich für die Verarbeitung zu Kompott und Marmeladen verwendet werden und weniger zum Rohessen geeignet sind. Bei der Kaltlagerung von Pfirsichen ergeben sich ähnliche Schwierigkeiten wie bei Himbeeren. Auch hier liegt der Hauptwert des Obstes im hervorragenden Aroma, dessen Einbuße eine Wertverminderung bedeutet, auch wenn die Früchte im Aussehen und in der Konsistenz tadellos erhalten bleiben. Bei den billigen Sorten, die von vornherein nicht so aromatisch sind, trifft das eben Gesagte natürlich nur in geringerem Maße zu. Immerhin ist auch bei diesen Sorten eine längere Lagerzeit nicht zu empfehlen.

Herkunft des Obstes: Plantagen Groß-Gerau.

A. Union, Groß-Gerau I (+1,5°; 83%).

Gepflückt am 13. 9. 15 vormittags, eingelagert in den Kühlraum am 13. 9. 15 nachmittags. Verpackung: 3 offene Körbe, Schütthöhe 28 bis 30 cm, Durchmesser 45 bis 53 cm. Gewichte: 17,59 kg, 24,47 kg und 27,25 kg netto. Zustand: meist baumreif, teilweise ganz reif und etwas fleckig, geringwertige Qualität, mit nicht sehr charakteristischem Geschmack und Aroma. Befund: nach 12 Tagen fast unverändert, nach 17 Tagen waren ca. 5% teilweise angefault, teilweise mit Schimmelflecken; die Früchte sind zum Teil nachgereift; sie sind etwas mehlig geworden und haben an Geschmack und Aroma eingebüßt. Nach 37 Tagen sind die meisten nachgereift, am Kern ist das Fruchtfleisch bräunlich verfärbt, 10 bis 15% sind angefault, und weitere 10% haben Schimmelansatz; einige Früchte sind noch hart. Der spezifische Geschmack und das Aroma sind fast ganz verschwunden, die Struktur ist holzig. Die Früchte sind weder für Kompott noch für spezielle Pfirsichmarmelade verwendbar, höchstens noch für gemischte Marmelade. Der Gewichtsverlust betrug nach 14 Tagen 4,0%, nach 37 Tagen 6,8%, so daß die Früchte nach dieser Zeit ziemlich stark ausgetrocknet waren.

Von einem dieser Körbe wurden nach 17-, 23- und 37tägiger Lagerzeit je 5 kg für die chemischen Analysen entnommen (vgl. S. 103).

---

[1]) Cairns, Fruit cold storage in Western Australia, Berichte des I. intern. Kälte-Kongresses, Paris 1908, II. Bd., S. 768 bis 774.

B. Union, Groß-Gerau II (±0°; 90%).

Behandlung wie unter A. Verpackung: Körbchen, Schütthöhe 12 cm, Länge 39 cm, Breite 14 cm. Gewicht: 3,06 kg netto. Zustand: wie bei A, geringwertige Qualität. Befund: Die Früchte waren nach 66tägiger Lagerung im Aussehen und in der Konsistenz noch fast gar nicht verändert, nur an einzelnen Pfirsichen waren kleine faule Stellen. Der spezifische Geschmack und das Aroma waren aber schon nach 17 Tagen etwas beeinträchtigt und nach 35 Tagen fast nicht mehr vorhanden. Nach 66 Tagen war das Fruchtfleisch holzig, strohig und saftlos. Nach 35 Tagen waren die baumreif eingelagerten Früchte im Kühlraum nur wenig nachgereift. Ein Teil der Früchte wurde nach 17tägiger Lagerung aus dem Kühlraum in einen Raum mit Zimmertemperatur gebracht; die Früchte erreichten hierbei nach 3 bis 5 Tagen ihre volle Reife. Der Reifungsprozeß wurde also durch die Kaltlagerung nur aufgehalten und nicht gänzlich unterbrochen, wie es bei einigen Birnensorten der Fall ist (vgl. S. 36). Der Gewichtsverlust betrug nach 17 Tagen 1,8% und nach 35 Tagen ca. 3%, war also bedeutend geringer als im Fall A.

C. Binding, Frankfurt a. M. (+2,2°; 94%).

Gepflückt am 16. 9. 15. Transportdauer 1 Tag bei +18°. Eingelagert in den Kühlraum am 17. 9. 15 vormittags. Verpackung: Körbchen, Schütthöhe 10 cm, Länge 37 cm, Breite 14 cm. Gewicht 2,67 kg. Zustand: wie bei A, geringwertige Qualität. Befund: nach 20 Tagen ist ein großer Teil der Früchte nachgereift, einzelne beginnen bereits zu faulen. Aussehen und Konsistenz der gesunden Früchte gut, Geschmack und Aroma etwas vermindert. Nach 31 Tagen mehrere Früchte angefault, leichte Schimmelbildung, spezifischer Geschmack und Aroma fast gänzliich verschwunden. Nach 42 Tagen ca. 50% verdorben.

Zusammenfassung der Versuchsergebnisse für Pfirsiche.

Als wesentlich ist zunächst hervorzuheben, daß bei den Pfirsichen die Grenze der Aufbewahrungsmöglichkeit weniger durch den Zeitpunkt des beginnenden Verfalls als vielmehr durch den Rückgang des Aromas und des Geschmackswertes bedingt ist. Man hat auch in Amerika die Erfahrung gemacht, daß sich die feinen Pfirsichsorten viel kürzere Zeit aufbewahren lassen als die einfacheren, weil das Schwinden des Aromas für erstere schwerer ins Gewicht fällt.

Zwischen den 3 Versuchsbedingungen ergab sich kein wesentlicher Unterschied. Bei Temperaturen von 0 bis +2,2° und relativen Feuchtigkeiten von 83 bis 94% können Pfirsiche der untersuchten Qualität 2 Wochen fast ohne Beeinträchtigung des Geschmacks und Aromas und etwa 3 Wochen ohne wesentliche Einbuße aufbewahrt werden.

Die kalifornischen Pfirsiche sollen sich bei 0° 2, ja selbst 3 Wochen in bester marktfähiger Beschaffenheit halten, wenn sie zwar lebhaft gefärbt, aber festfleischig eingelagert werden. R. Stavenhagen berichtet dagegen[1]), daß, wenn die Früchte nach dieser Lagerzeit auch äußerlich noch gut und fest erscheinen, sie doch ihre Güte verloren haben und im Geschmack fade und wässerig sind. Sobald Pfirsiche mürbe sind, ist ihre Haltbarkeit sehr beschränkt, und unreif eingelagerte Früchte welken. Bei Temperaturen von +2 bis +2,5° halten sich diese Früchte nur 10 bis höchstens 14 Tage, und bei +4 und +5° werden sie schon nach wenigen Tagen braun und unverkäuflich. Nur einige geringere Sorten halten sich bei 0° bis zu 2 Monaten[2]).

Die westaustralischen Pfirsiche (Lady Palmerston und late Elberta) waren nach einer Mitteilung von Cairns (a. a. O.) nach achtwöchiger Aufbewahrung bei —1 bis +0,5° noch marktfähig.

Für Deutschland verdienen noch die Untersuchungen von Schmitz-Hübsch besondere Beachtung. Er fand ursprünglich[3]), daß unbeschädigte Pfirsiche einen Aufenthalt von 3 Wochen bei +3 bis +4° ohne wesentlichen Nachteil vertragen, die Qualität soll jedoch schon nach 8 Tagen ein wenig leiden. Die Haltbarkeit der 3 Wochen gekühlten Pfirsiche ist allerdings nach dem Versand eine etwas beschränktere. Er fand ferner, daß ein Nachreifen der Pfirsiche im Kühlhaus kaum stattfindet, und daß zu grün gepflückte Pfirsiche hart und geschmacklos bleiben. Das bezieht sich auf die von ihm untersuchten Frühpfirsichsorten, trifft aber nach unseren Versuchen für die späten Pfirsiche nicht zu. Schließlich gibt Schmitz-Hübsch noch an, daß sich die dickschaligen, steinlösenden, spätreifenden Einmachpfirsiche länger als die in der Schale etwas empfindlichen frühen und mittelfrühen Sorten aufbewahren lassen.

In einer späteren Arbeit[4]) teilt Schmitz-Hübsch mit, daß sich Pfirsiche 2 bis 3 Wochen im Kühlhaus aufbewahren lassen, und daß bei zu langer Lagerung das Aroma schwindet. Als günstigste Temperatur gibt er hier +2 bis +3° an.

[1]) Nach M. Cooper, vgl. Deutsche Obstbauzeitung, Heft 10 u. 11, 1909, S. 174.

[2]) Deutsche Obstbauzeitung, Heft 20, 1907, S. 317.

[3]) Daselbst, Heft 13, 1913, S. 319.

[4]) Daselbst, Heft 11, 1914, S. 244.

Sehr beachtenswert ist die ungemein lange Haltbarkeit der afrikanischen Pfirsiche aus dem Kaplande, die nach einer vierwöchentlichen Seereise in Kühlräumen noch 8 bis 14 Tage in den Schaufenstern liegen. Schmitz-Hübsch sucht die Erklärung dieser längeren Haltbarkeit in dem höheren Zuckergehalt und der widerstandsfähigeren Haut der in dem heißen Klima gewachsenen Früchte.

Stetefeld[1]) gibt 0 bis +0,5° als die vorteilhafteste Kühlhaustemperatur für Pfirsiche an.

Versuche, die in den auf der internationalen Gartenbauausstellung in Mannheim eingerichteten Kühlräumen für Obst durchgeführt wurden, haben zu dem Ergebnis geführt[2]), daß Pfirsiche und Aprikosen, die in Kisten gut verpackt waren, monatelang ihr köstliches Aroma und ihren vollen Geschmackswert erhalten haben, wogegen lose und unverpackt gelagerte Früchte bald runzlig wurden, ihr Aroma verloren und einen faden nichtssagenden Geschmack annahmen.

XI. Zwetschen (Pflaumen).

A. Union, Groß-Gerau I (+1,5; 83%).

1. Herkunft des Obstes: Königstädten bei Groß-Gerau. Gepflückt am 29. 8. 15 bei feuchtem Wetter. Transportdauer einige Stunden per Achse bei +18°. Eingelagert in den Kühlraum am 30. 8. 15 nachmittags. Verpackung: 4 offene Körbe, Schütthöhe 16 bis 19 cm, Länge 44 cm, Breite 28 bis 30 cm. Gewichte: 13,64 kg, 15,63 kg, 14,74 kg und 12,79 kg netto. Zustand: meist reif, teilweise noch unreif, einzelne angefault und geschrumpft. Befund: nach 7 Tagen unverändert, danach zunehmende Fäulnis und Schrumpfung. Nach 14 Tagen beginnende Schimmelbildung. Nach 30 Tagen sind 40% der Früchte untauglich. Der Gewichtsverlust betrug nach 20 Tagen 3,7% und nach 30 Tagen 5,4%.

2. Herkunft, Behandlung und Verpackung wie bei A 1. Gewicht 12,75 kg netto. Zustand: meist reif, teilweise noch unreif, keine faulen. Befund: nach 12 bis 14 Tagen unverändert. Nach längerer Lagerzeit treten Schrumpfungserscheinungen und Schimmelbildung auf. Nach 28 Tagen sind ca. 25% verdorben. Der Gewichtsverlust betrug nach 7 Tagen 1,5% und nach 28 Tagen 7,5%. Aus diesem Korb wurden nach 7- und 28tägiger Lagerzeit je 5 kg für die chemischen Analysen entnommen (vgl. S. 101).

Der Prozentsatz an verdorbenen Früchten nach vierwöchiger Lagerzeit war hier geringer als bei A 1, weil bei der Einlagerung die angefaulten Früchte aus dem Korbe entfernt waren.

---

[1]) „Eis- und Kälteindustrie", Heft 7, 1911.

[2]) Zeeb, Deutsche Obstbauzeitung, Heft 14, 1908, S. 237 und Wagner, Berichte des I. intern. Kältekongresses, Paris 1908, Bd. II, S. 812.

B. Union, Groß-Gerau II (±0°; 91%).

Herkunft des Obstes: Plantagen Groß-Gerau. Gepflückt am 31. 8. 15 vorm., eingelagert in den Kühlraum am 31. 8. 15 nachm. Verpackung: Körbchen, Schütthöhe 10 cm, Länge 37 cm, Breite 13 cm. Gewicht: 3,63 kg netto. Zustand: meist reif, teilweise halbreif, vereinzelt überreif. Befund: nach 12 bis 14 Tagen unverändert, danach langsame Fäulnis- und Schimmelbildung, so daß nach 30 Tagen ca. 15% verdorben sind. Gewichtsverlust nach 20 Tagen 1,5%, nach 30 Tagen 2%. Schrumpfungserscheinungen traten in diesem Kühlraum nicht oder doch nur in sehr geringem Maße auf.

C. Binding, Frankfurt a. M. (+2,2°; 94%).

Herkunft des Obstes: Wallerstädten bei Groß-Gerau. Gepflückt am 7. 9. 15 bei dunstigem Wetter. Transportdauer 1 Tag bei +19°. Eingelagert in den Kühlraum am 9. 9. 15 vorm. Verpackung: Körbchen, Schütthöhe 10 cm, Länge 36 cm, Breite 13 cm. Gewicht: 2,98 kg netto. Zustand: gesund, reif. Befund: nach 5 bis 6 Tagen unverändert, danach beginnende und rasch fortschreitende Fäulnis und Schimmelbildung. Nach 16 Tagen sind 15% und nach 28 Tagen 40% verdorben. Trotzdem die Früchte gesund eingelagert waren, ging der Verfall infolge der höheren Temperatur und relativen Feuchtigkeit bedeutend schneller vor sich als in den Fällen A 2 und B.

Zusammenfassung der Versuchsergebnisse für Zwetschen.

Bei 0° und ca. 90% relativer Feuchtigkeit können Zwetschen bis zu 3 Wochen ohne nennenswerten Schaden erhalten werden. Bei höheren Temperaturen und Feuchtigkeiten ist die Haltbarkeit geringer; bei größerer Trockenheit (83% bei +1,5°) treten leicht Schrumpfungserscheinungen an der Oberfläche auf, die das Obst unansehnlich machen.

In Nordamerika werden Pflaumen bei 0 bis +2° gelagert, wobei sich die meisten Sorten 5 bis 6 Wochen in gutem Zustand erhalten lassen sollen[1]). Noch widerstandsfähiger sind die japanischen Pflaumen (Kelsey und Satsuma), die bei +2 bis +4,5° in trockener Luft 8 bis 10 Wochen standhalten[2]). Die Satsumapflaumen werden auch von anderer Seite[3]) als die weitaus widerstandsfähigste Sorte bezeichnet.

Schmitz-Hübsch teilt mit[4]), daß sich Hauszwetschen in seinem Kühlhaus (bei +2 bis +3°) 4 Wochen lang ganz gut aufbewahren ließen.

---

[1]) Deutsche Obstbauzeitung, Heft 20, 1907, S. 317 u. 318 und Heft 10 u. 11, 1909, S. 174.

[2]) Cairns a. a. O.

[3]) Bericht über Lagerungs- und Transportversuche mit leicht verderblichen Waren aus dem Turkestan nach Moskau, herausgegeben vom Moskauer Kälte-Komitee, Moskau 1913 (in russischer Sprache).

[4]) Deutsche Obstbauzeitung, Heft 11, 1914, S. 246.

XII. Reineclauden.

Bei den Reineclauden (nach Lucas „Edelpflaumen") sollte untersucht werden, welcher Reifezustand für die Einlagerung ins Kühlhaus am günstigsten erscheint. Es war leider nicht möglich, für die Versuche ganz frisch gepflückte Früchte zu erhalten. Das Obst gelangte vielmehr erst am vierten Tage nach dem Pflücken und nach dreitägiger Reise ins Kühlhaus, wodurch die Haltbarkeit zweifellos verkürzt wurde. Immerhin waren die Lagerungsergebnisse auch bei diesen relativ ungünstigen Bedingungen befriedigend.

Herkunft des Obstes: Woippy (Wappingen) bei Metz. Gepflückt am 30. 7. 15. Transportdauer: 3 Tage bei +15°. Eingelagert in die Kühlräume am 3. 8. 15 vorm.

A. Union, Groß-Gerau I (+1,5°; 83%).

1. Verpackung: offener Korb, Schütthöhe 17 cm, Länge 43 cm, Breite 28 cm. Gewicht 12,40 kg netto. Zustand: gesund, reif. Befund: nach 8 Tagen unverändert, danach beginnende Fäulnis und Schrumpfungserscheinungen sowie Schimmelbildung, einzelne Früchte platzen. Nach 24 Tagen sind 30% der Früchte nicht mehr zu brauchen. Gewichtsverlust nach 15 Tagen 4,6%, nach 24 Tagen 7%.

2. Verpackung: wie bei A 1. Gewicht: 13,33 kg netto. Zustand: gesund, halbreif. Befund: nach 16 Tagen keine nachteiligen Erscheinungen, nur nachgereift, danach bildet sich im Innern ein Schimmelherd. Nach 24 Tagen 10% verdorben. Gewichtsverlust: nach 15 Tagen 3,6%, nach 24 Tagen 5,1%.

B. Union, Groß-Gerau II (±0°; 92%).

1. Verpackung: Körbchen, Schütthöhe 12 cm, Länge 40 cm, Breite 11 cm. Gewicht 3,98 kg netto. Zustand: gesund, reif. Befund: nach 12 bis 14 Tagen unverändert, danach beginnende Fäulnis, jedoch weder Schrumpfung noch Schimmelbildung. Nach 24 Tagen sind etwa 20% angefault. Gewichtsverlust nach 15 Tagen 1,1%, nach 24 Tagen 1,8%.

2. Verpackung: wie bei B 1. Gewicht: 3,81 kg. Zustand: gesund, halbreif. Befund: nach 18 bis 20 Tagen nur nachgereift. Danach an einzelnen Früchten schwache Fäulnisbildung, so daß nach 24 Tagen ca. 5% leicht angefault sind. Gewichtsverlust nach 15 Tagen 0,8%, nach 24 Tagen 1,4%.

C. Binding, Frankfurt a. M. (+1,5°; 96%).

Verpackung: Körbchen, Schütthöhe 10 cm, Länge 38 cm, Breite 12 cm. Gewicht 3,35 kg netto. Zustand: gesund, halbreif. Der Befund deckt sich vollkommen mit dem unter A 2. Der Gewichtsverlust wurde nicht gemessen.

Zusammenfassung der Versuchsergebnisse für Reineclauden.

Aus vorstehenden Versuchen ergibt sich, daß für Reineclauden eine Lagertemperatur von 0° günstiger ist als eine solche von 1,5°, daß aber die relative Feuchtigkeit in den Grenzen von 83 bis 96% bei +1,5° die Haltbarkeit nicht beeinflußt. Bei 83% relativer Feuchtigkeit treten jedoch leicht Schrumpfungserscheinungen auf, so daß sich aus diesem Grunde eine relative Feuchtigkeit von über 90% mehr empfiehlt. Die in halbreifem Zustand eingelagerten Früchte hielten sich in den Kühlräumen sowohl bei +1,5° und 83%, wie auch bei 0° und 92% ca. eine Woche länger und hatten außerdem wegen der festeren Konsistenz einen viel geringeren Gewichtsverlust als die ganz reif eingebrachten. Die halbreifen Früchte konnten bei 0° 3 Wochen und bei +1,5° 2½ Wochen ohne Verlust aufbewahrt werden. Die Früchte hätten sich zweifellos noch länger gut erhalten, wenn sie bald nach dem Pflücken eingelagert worden wären und nicht erst einen dreitägigen Transport durchgemacht hätten.

Von anderweitigen Kaltlagerungsversuchen mit Reineclauden sei mitgeteilt, daß im Kühlhaus „Vriesseveem" in Amsterdam im Herbst 1907 ca. 50000 kg Reineclauden 6 Wochen konserviert wurden, und zwar bei +1° und 75% relativer Feuchtigkeit[1]).

In den Vereinigten Staaten von Nordamerika ist es gelungen, die Früchte der großen grünen Reineclaude 10 Wochen im Kühlhaus aufzubewahren[2]). Zu dem gleichen Ergebnis führten die Versuche in England[3]), wobei die Temperatur im Kühlraum auf 0 bis +1° gehalten wurde.

XIII. Mirabellen.

Bei den Mirabellen (nach Lucas „Wachspflaumen") wurden ähnliche Vergleichsversuche bei verschiedenen Reifezuständen während der Einlagerung ins Kühlhaus durchgeführt, wie bei den Reineclauden. Auch die Mirabellen waren nicht frisch gepflückt, sondern hatten bei der Einlagerung bereits einen dreitägigen Transport hinter sich. Die Ergebnisse waren für diese Früchte noch weit günstiger als für Reineclauden.

Herkunft des Obstes: Woippy (Wappingen) bei Metz. Gepflückt am 30. 7. 15. Transportdauer: 3 Tage bei +15° im Mittel. Eingelagert in die Kühlräume am 3. 8. 15 vormittags.

---

[1]) Vattier-Kraane a. a. O.

[2]) Deutsche Obstbauzeitung, Heft 10 u. 11, 1909, S. 174.

[3]) W. Wrigth, a. a. O.

A. Union, Groß-Gerau I (+1,5°; 83%).

1. Verpackung: offener Korb, Schütthöhe 17 cm, Länge 41 cm, Breite 28 cm. Gewicht: 13,20 kg netto. Zustand: gesund, reif. Befund: nach 8 bis 10 Tagen unverändert, danach beginnende Fäulnis und Schrumpfungserscheinungen; nach 18 Tagen tritt auch leichte Schimmelbildung auf. Nach 24 Tagen sind ca. 25% verdorben. Gewichtsverlust nach 15 Tagen 5% und nach 24 Tagen 6,9%.

2. Verpackung wie bei A 1. Gewicht: 13,35 kg netto. Zustand: gesund, halbreif. Befund: nach 20 Tagen unverändert, nur nachgereift, danach leichte Schrumpfung, Fäulnis und Schimmelbildung, so daß nach 24 Tagen ca. 5% verdorben waren. Gewichtsverlust nach 15 Tagen 3,6%, nach 22 Tagen 5%.

B. Union, Groß-Gerau II (±0°; 92%).

1. Verpackung: Körbchen, Schütthöhe 12 cm, Länge 39 cm, Breite 12 cm. Gewicht 3,65 kg netto. Zustand: gesund, reif. Befund: nach 22 Tagen unverändert, danach langsam einsetzende Fäulnis- und schwache Schimmelbildung. Nach 28 Tagen sind 5%, nach 32 Tagen 10% und nach 52 Tagen 35% verdorben. Nach 35 Tagen macht sich auch bei den gesunden Früchten eine Verfärbung der Haut ins Bräunliche bemerkbar, so daß auch der nicht verdorbene Teil an Aussehen verliert.

2. Verpackung wie bei B1. Gewicht 3,75 kg. Zustand: gesund, halbreif. Befund: nach 26 Tagen unverändert, nur nachgereift, danach langsame Fäulnis- und Schimmelbildung; nach 32 Tagen sind 5%, nach 40 Tagen 10% und nach 52 Tagen ca. 20% verdorben. Auch bei diesen Früchten trat nach 40 Tagen eine Verfärbung der Haut auf, so daß auch die gesunden Früchte unansehnlich wurden. Der Gewichtsverlust betrug nach 15 Tagen 0,8%, nach 32 Tagen 1,33% und nach 52 Tagen 2,4%.

C. Binding, Frankfurt a. M. (+1,5°; 96%).

Verpackung: Körbchen, Schütthöhe 12 cm, Länge 40 cm, Breite 13 cm. Gewicht: 4,35 kg netto. Zustand: gesund, halbreif. Der Befund deckt sich vollkommen mit dem unter A 2. Der Gewichtsverlust wurde nicht gemessen.

Zusammenfassung der Versuchsergebnisse für Mirabellen.

Aus den vorstehenden Versuchen lassen sich die gleichen Schlußfolgerungen ziehen wie bei den Reineclauden (vgl. XII, S. 76) mit dem einzigen Unterschied, daß die Mirabellen widerstandsfähiger sind und eine längere Aufbewahrung im Kühlraum vertragen.

Die halbreifen Früchte konnten bei 0° 4 Wochen und bei +1,5° 3 Wochen ohne Schaden zu nehmen gelagert werden. Gleich nach dem Pflücken kaltgelagerter Früchte könnten zweifellos noch 1 bis 2 Wochen länger in gutem Zustand erhalten werden.

Eine mehr wie sechswöchige Lagerung empfiehlt sich jedoch nicht, weil danach eine Verfärbung der Fruchthaut eintritt.

Kernobst.

XIV. Falläpfel.

Herkunft des Obstes: Wallerstädten bei Groß-Gerau. Gesammelt am 15. 7. 15. Zustand: gesund, trocken, unreif.

A. Union, Groß-Gerau I (+1,5°; 83%).

Transportdauer einige Stunden per Achse bei +13°. Eingelagert in den Kühlraum am 16. 7. 15 nachm. Verpackung: 2 hohe offene Körbe, Schütthöhe 42 cm, Durchmesser 48 cm. Gewichte: 25,33 kg und 25,35 kg netto. Befund: nach 42 Tagen nur sehr geringe Veränderungen, etwa 1% angefault; einige Früchte leicht geschrumpft; nach 75 Tagen etwa 5% teils faul, teils schimmelig; die Schrumpfungserscheinungen haben zugenommen. Die Gewichtsverluste betrugen nach 10 Tagen 1,7%, nach 33 Tagen 4,3%, nach 42 Tagen 5,3%, nach 56 Tagen 6,1%, nach 64 Tagen 7% und nach 75 Tagen 7,8%.

B. Union, Groß-Gerau II (±0°; 92,5%).

Transportdauer und Zeit der Einlagerung wie unter A. Verpackung: offener Korb, Schütthöhe 18 cm, Länge 46 cm, Breite 31 cm. Gewicht 8,50 kg netto. Befund: nach 42 Tagen fast unverändert, etwa ½% leicht angefaulte Früchte, keine Schrumpfung. Gewichtsverlust nach 42Tagen ca. 3%.

C. Bachmann, Frankfurt a. M. (±0°; 91,5%).

Transportdauer 1 Tag per Achse bei +15°. Eingelagert in den Kühlraum am 17. 7. 15 vorm. Verpackung: 2 hohe offene Körbe, Schütthöhe 37 cm, Durchmesser 43 cm. Gewichte: 21,05 kg und 19,80 kg netto. Befund: nach 49 Tagen unverändert. Gewichtsverlust nach 49 Tagen 3,1%.

Die Früchte aus allen drei Kühlräumen wurden zu Handelsware (Apfelgelee) verarbeitet. Irgendein nachteiliger Einfluß der langen Lagerzeit war dabei nicht zu erkennen, insbesondere kam auch die Gelierfähigkeit voll zur Entwicklung.

XV. Schafsnasen-Äpfel.

Herkunft des Obstes: Wallerstädten bei Groß-Gerau. Gepflückt am 20. 9. 15. Zustand: baumreif, gesund, jedoch einige mit Flecken.

A. Union, Groß-Gerau I (+1,0°; 83%).

Transportdauer einige Stunden per Achse; in Groß-Gerau zunächst 7 Tage bei +15° gelagert. Eingebracht in den Kühlraum am 27. 9. 15 nachmittags. Verpackung: 3 hohe offene Körbe, Schütthöhe 37 bis 43 cm, Durchmesser 42 bis 44 cm. Gewichte: 25,70 kg, 20,80 kg und 24,04 kg netto. Befund: nach 35 Tagen gerechnet vom Einbringen in den Kühlraum unverändert, danach beginnende Fäulnisbildung. Ein Teil der Früchte bleibt äußerlich gut, wird aber im Innern morsch und schwammig — eine für Schafnasenäpfel bei längerem Liegen charakteristische Erscheinung. Nach 50 Tagen sind 5% und nach 70 Tagen ca. 20% innen morsch. Während der Lagerung reiften die Äpfel langsam nach. Nach 42 bzw. 65 Tagen wurden mehrere Früchte aus dem Kühlraum genommen und bei Zimmertemperatur aufbewahrt. Die Äpfel entwickelten sich dabei in einigen Tagen zur Vollreife und waren im Geschmack durchaus gut und charakteristisch. Die Äpfel, welche 65 Tage gelagert hatten, waren aber bereits etwas säurearm. Die Gewichtsverluste betrugen nach 19 Tagen 2,2%, nach 42 Tagen

4,5% und nach 70 Tagen 5,8%. Von einem dieser Körbe wurden nach 7-, 42- und 64tägiger Lagerung je 5 kg für die chemischen Analysen entnommen (vgl. S. 99).

B. Union, Groß-Gerau II (±0°; 90%).

Transportdauer und Zeit der Einlagerung wie unter A. Verpackung: kleiner offener Korb, Schütthöhe 14 cm, Länge 41 cm, Breite 14 cm. Gewicht 3,57 kg netto. Befund: wie unter A, auch bei den Nachreifungsversuchen. Die Gewichtsverluste wurden nicht gemessen.

C. Binding, Frankfurt a. M. (+2,2°; 94%).

Transport zunächst nach Groß-Gerau per Achse, daselbst 7 Tage bei +15° gelagert, danach per Achse nach Frankfurt. Eingebracht in den Kühlraum am 28. 9. 15 nachm. Verpackung: kleiner offener Korb, Schütthöhe 11 cm, Länge 37 cm, Breite 13 cm. Gewicht: 2,50 kg netto. Befund: nach 70 Tagen in Aussehen und Konsistenz unverändert, erst danach beginnen einige Früchte im Innern morsch zu werden; nach 85 Tagen sind immer noch 95% durchaus gesund.

XVI. Schweizer Herbstäpfel (verschiedene Sorten gemischt).

Herkunft des Obstes: Schweiz. Gepflückt zwischen dem 20. und 25. Oktober. Transportdauer per Bahn bis Groß-Gerau 3 Tage bei +8°. Ankunft in Groß-Gerau am 4. 11. 15. Zustand: gesund.

A. Union, Groß-Gerau I (+1,0°; 83%).

Eingelagert in den Kühlraum am 5. 11. nachm. Verpackung: offener Korb, Schütthöhe 26 cm, Durchmesser 44 cm. Gewicht 15,57 kg netto. Befund: nach 46 Tagen (gerechnet vom Einbringen in den Kühlraum) nur 2% morsch und mit kleinen faulen Flecken. Die übrigen 98% völlig unverändert, in tadellosem Zustand. Beim Herausbringen in Zimmertemperatur erreichen die Äpfel in wenigen Tagen ihre Vollreife. Gewichtsverlust: nach 18 Tagen 1,9%, nach 27 Tagen 3%, nach 38 Tagen 3,2%.

B. Union, Groß-Gerau II (±0°; 91%).

Eingelagert in den Kühlraum am 5. 11. 15 nachm. Verpackung: kleiner offener Korb, Schütthöhe 12 cm, Länge 37 cm, Breite 13 cm. Gewicht 2,83 kg netto. Befund: nach 46 Tagen ist der ganze Inhalt in Aussehen und Geschmack völlig unverändert. In den ersten Tagen der Lagerung trat eine kleine Gewichtszunahme auf, die nach 18 Tagen immer noch ¼% betrug (vgl. S. 48). Danach ging das Gewicht langsam wieder auf den Ursprungswert zurück.

C. Binding, Frankfurt a. M. (+2,2°; 94%).

Transport von Groß-Gerau nach Frankfurt per Bahn bei +8°. Eingelagert in den Kühlraum am 9. 11. 15. Verpackung: kleiner offener Korb, Schütthöhe 12 cm, Länge 37 cm, Breite 13 cm, Gewicht 2,35 kg netto. Befund: nach 42 Tagen völlig unverändert in tadellosem Zustand.

Zusammenfassung der Versuchsergebnisse für Äpfel.

Die Kaltlagerungsversuche mit Äpfeln lehren, daß auf alle drei untersuchten Sorten (Falläpfel, Schafsnasen- und Schweizer

Herbstäpfel) ein hoher Feuchtigkeitsgehalt der Luft in den Kühlräumen offenbar sehr günstig einwirkte. Am deutlichsten trat das bei den Schafsnasenäpfeln hervor, die sich im Kühlraum der Brauerei Binding trotz der höheren Temperatur von $+2{,}2^{0}$ bei der sehr hohen relativen Feuchtigkeit von 94% am besten hielten[1]). Bei den Schweizer Herbstäpfeln, die erst Anfang November zur Einlagerung gelangten, mußten die Versuche schon nach siebenwöchiger Lagerung abgebrochen werden; die Äpfel befanden sich nach dieser Zeit noch in ausgezeichneter Verfassung und hätten zweifellos noch mehrere Wochen aufbewahrt werden können, so daß sich sowohl für die Falläpfel wie auch für die untersuchten Herbstäpfel eine Aufbewahrungsmöglichkeit in feuchten Kühlräumen von 10 bis 12 Wochen ergibt, ohne daß nennenswerte Verluste eintreten. Hierbei ist noch zu berücksichtigen, daß die Versuchsbedingungen keinesfalls günstig waren, weil die Herbstäpfel erst mehrere Tage nach dem Pflücken in den Kühlraum gelangten. Unter günstigeren Verhältnissen ließe sich sicher eine noch längere Haltbarkeit erzielen.

Winteräpfel wurden in die Versuche nicht mit eingezogen, weil dadurch die Untersuchung sehr in die Länge gezogen worden wäre, und weil sich Winteräpfel auch in gewöhnlichen nicht gekühlten Kellerräumen sehr lange halten.

Die Äpfel sind bekanntlich diejenigen Früchte, die bisher am meisten und mit bestem Erfolg der Kaltlagerung unterworfen wurden. Besonders in den Vereinigten Staaten wird die Kühlung der Äpfel in großem Maßstabe vorgenommen. Die Hauptbedingung für den Erfolg ist dabei, daß die Äpfel gleich nach dem Pflücken ins Kühlhaus kommen. Im übrigen verhalten sich die einzelnen Sorten hinsichtlich des günstigsten Zeitpunkts der Ernte, der günstigsten Lagertemperatur und der Haltbarkeit im Kühlraum durchaus nicht gleich. Die zahlreichen systematischen Versuche, die in Amerika bereits gemacht wurden, lehren, daß jede Apfelsorte individuell behandelt

---

[1]) Vgl. auch Semmler, Die gesamte Obstverwertung, Wismar 1906, S. 612 und Schmitz-Hübsch, Festschrift des Deutschen Pomologen-Vereins, Eisenach 1910.

werden muß[1]). Die Temperatur in den Kühlräumen für Äpfel wird in Amerika meist in der Nähe von 0°, manchmal noch etwas darunter gehalten. Auch die australischen Äpfel halten sich bei den tiefen Temperaturen von —1° bis +0,5° am besten[2]).

Stetefeld[3]) hat über interessante Vergleichsversuche mit Äpfeln und Birnen bei verschiedener Verpackung, verschieden schneller Einlagerung nach der Ernte und unter verschiedenen Lagerungstemperaturen berichtet.

Schmitz-Hübsch[4]) fand bei eigenen Versuchen, daß sich Äpfel im allgemeinen zur Kaltlagerung gut eignen. Es gibt jedoch Sorten, die eine Aufbewahrung im Kühlraum nicht vertragen; zu diesen zählt Schmitz-Hübsch besonders die Goldparmänen, die in wenigen Wochen braune Flecken erhalten und einen widerlichen, süßlichen Geschmack annehmen. Auch die Sorten, die eine Verwandtschaft mit der Goldparmäne haben, z. B. die Fette Goldrenette und die Orléans-Renette, können keine tiefen Temperaturen vertragen. Desgleichen sollen Graue Herbstrenetten und Burchard-Renetten für die Aufbewahrung im Kühlraum nicht geeignet sein[5]).

In Deutschland wurden Äpfel in größeren Mengen auch im Kühlhaus der Kölner Markthalle und in einigen anderen Kühlhäusern mit gutem Erfolg konserviert.

XVII. Williams Christbirnen.

Unter den Frühbirnen gebührt der Williams Christbirne der erste Platz. Ihr Fleisch ist blendend weiß, schmelzend, von fein säuerlichem, äußerst würzigem Geschmack und ausgeprägtem Aroma. Sie wird in großen Mengen zu Konserven verarbeitet und kommt in dieser Form alljährlich in mächtigen Schiffsladungen von Amerika, wo sie unter dem Namen „Bartlett" bekannt ist. Die Frucht ist aber sehr schnell vergänglich; sie reift Ende August und hält sich bei nicht zu später Ernte

[1]) In der Deutschen Obstbauzeitung, Heft 20, 1907, S. 318, ist eine Aufstellung über die Haltbarkeit verschiedener amerikanischer Apfelsorten in Kühlräumen enthalten. Die Aufstellung ist auch in das Buch von Göttsche a. a. O. übernommen.

[2]) Cairns a. a. O.

[3]) Stetefeld, Eis- und Kälte-Industrie 1911, Heft 7.

[4]) Schmitz-Hübsch, Deutsche Obstbau-Zeitung 1911, Heft 18.

[5]) Derselbe, Deutsche Obstbauzeitung 1914, Heft 11.

in gewöhnlichen Lagerräumen nur 14 Tage, so daß eine Kaltlagerung sicher am Platze wäre. Die Früchte werden in baumreifem Zustand, etwa 8 bis 12 Tage vor der Vollreife gepflückt und versandt[1]).

A. Union, Groß-Gerau I (+1°; 83%).

Herkunft des Obstes: Nackenheim a. Rh. Gepflückt am 10. 8. 15. Transportdauer einige Stunden per Bahn, danach 1 Tag bei +18° gelagert. In den Kühlraum gebracht 12. 8. 15 vorm. Verpackung: offener Korb, Schütthöhe 17 cm, Länge 42 cm, Breite 28 cm. Gewicht: 10,82 kg netto. Zustand: baumreif, gesund. Befund: nach 19 Tagen nur schwach nachgereift, sonst unverändert; nach 23 Tagen ca. 20% vollreif und 1% überreif; nach 30 Tagen ca. 50% in voller Reife, der Rest noch grün. Die vollreifen Birnen wurden gleich entfernt und zu Kostproben verwendet. Von den grün gebliebenen Früchten wurden Proben in Zimmertemperatur gebracht, wobei sie sich in wenigen Tagen bis zur Vollreife entwickelten. Nach 30tägiger Lagerzeit nahm die Reife äußerlich (Gelbfärbung) nur langsam zu, die Früchte fingen aber an, innen morsch zu werden und wurden im Geschmack wesentlich neutraler. Nach 40 Tagen traten Fäulnisflecken und Schimmelbildung auf. Die Gewichtsverluste betrugen: nach 6 Tagen 0,9%, nach 23 Tagen 2,1%, nach 30 Tagen 2,8% und nach 40 Tagen 4,3%.

B. Union, Groß-Gerau II (±0°; 92%).

Herkunft und Behandlung wie unter A. Verpackung: kleiner offener Korb, Schütthöhe 11 cm, Länge 39 cm, Breite 14 cm. Gewicht: 3,18 kg netto. Zustand: baumreif, gesund. Befund: nach 23 Tagen sind 5 bis 10% der Früchte ganz reif, 1% ist überreif, und der Rest ist in der Reife nur wenig vorgeschritten. Es trat eine Gewichtszunahme ein, die nach 4 Tagen 2,2%, nach 6 Tagen 2,5% und nach 23 Tagen wieder 2,2% betrug.

C. Binding, Frankfurt a. M. (+2°; 94%).

Herkunft des Obstes: Groß-Gerau. Gepflückt am 15. 8. 16, danach 1 Tag bei +18° gelagert und am 16. 8. 15 nach Frankfurt gebracht. Eingelagert in den Kühlraum 17. 8. 15 vorm. Verpackung: kleiner Korb mit nur einer Lage Birnen. Gewicht 1,22 kg netto. Zustand: baumreif, gesund. Befund: nach 30 Tagen äußerlich scheinbar unverändert, nur schwach gelblich gefärbt, aber im Innern bereits morsch; nach 42 Tagen schnapsiger Geruch und Keller-Geschmack, beißende Säure, nicht verwertbar. Die Gewichtsveränderungen wurden nicht gemessen.

D. Bachmann, Frankfurt a. M. (—1°; 91%).

Herkunft des Obstes: Groß-Gerau. Gepflückt am 15. 8. 15, danach 3 Tage daselbst bei +16° gelagert und am 18. 8. 15 nach Frankfurt gebracht. Eingelagert in den Kühlraum 19. 8. 15. Verpackung: kleiner offener Korb, Schütthöhe 10 cm, Länge 36 cm, Breite 14 cm. Gewicht: 2,76 kg netto. Zustand: baumreif, gesund. Befund: nach 16 Tagen alle grün, wie zu Anfang, nicht merklich nachgereift; bei Überführung in Zimmertemperatur bildet sich jedoch die volle Reife in wenigen Tagen aus.

[1]) Vgl. „Deutschlands Obstsorten“ (Verlag Eckstein & Stähle, Stuttgart) 1906, Heft 5.

XVIII. Amanlis Butterbirnen.

Amanlis Butterbirne ist eine große, frühreifende Herbstbirne mit nicht sehr feinem Geschmack und nicht ausgesprochenem Aroma. Die Haltbarkeit in gewöhnlichen Lagerräumen ist beschränkt, die Früchte faulen leicht von innen heraus. Die Haltbarkeit kann durch frühe Ernte nur auf Kosten des Wohlgeschmacks verlängert werden. Es ist keine sehr feine Sorte, sondern vielmehr ein Massenartikel für die weniger bemittelten Klassen; sie dient in größerem Maßstabe zur Herstellung billiger Konserven[1]). Aus den eben angeführten Gründen ist für uns das Verhalten von Amanlis Butterbirne bei der Kaltlagerung von besonderem Interesse, da wir in erster Linie das billige und in großen Massen vorhandene Wirtschaftsobst untersuchen wollten.

Herkunft des Obstes: Bauschheim bei Groß-Gerau. Gepflückt am 7. 8. 15. Transport nach Groß-Gerau per Achse am 8. 8. 15, daselbst 4 Tage gelagert bei +18°. Zustand bei der Einlagerung in den Kühlraum: baumreif, gesund.

A. Union, Groß-Gerau I (+1°; 83%).

Eingelagert in den Kühlraum am 12. 8. 15 vorm. Verpackung: offener Korb, Schütthöhe 18 cm, Länge 42 cm, Breite 28 cm. Gewicht: 11,05 kg netto. Befund: in den ersten 45 Tagen langsam fortschreitende Nachreifung, geringe Schrumpfungserscheinungen; im weiteren Verlauf der Lagerung entwickelt sich ein Teil der Früchte bis zur Vollreife, an einzelnen Früchten treten faule Flecken auf, einige werden im Innern morsch, die Schrumpfungserscheinungen nehmen zu. Nach 81 Tagen sind 5% der Früchte verdorben, und von den gut erhaltenen ist die größere Hälfte in voller Reife. Unreife Früchte, die zu verschiedenen Zeiten aus dem Kühlraum entfernt wurden, reiften bei Zimmertemperatur in wenigen Tagen nach und kamen auch hinsichtlich des Geschmacks und des an sich nicht sehr charakteristischen Aromas voll zur Entwicklung. Mit zunehmender Lagerzeit wurde der Geschmack etwas neutraler. Die Gewichtsverluste betrugen nach 23 Tagen 1,23%, nach 37 Tagen 2,8%, nach 53 Tagen 4,6% und nach 65 Tagen 5%.

B. Union, Groß-Gerau II (±0°; 91%).

Eingelagert in den Kühlraum am 12. 8. 15 vorm. Verpackung: kleiner offener Korb, Schütthöhe 11 cm, Länge 38 cm, Breite 13 cm. Gewicht: 2,92 kg netto. Befund: in den ersten 45 Tagen ist eine Nachreifung kaum zu konstatieren. Nach 60 Tagen sind alle Früchte noch gut erhalten, und etwa 15% haben sich der Vollreife mehr oder weniger genähert. Bei Überführung in Zimmertemperatur entwickeln sich die Früchte normal zur Vollreife. Es wurde auch bei diesen Birnen eine Gewichtszunahme be-

---

[1]) Vgl. „Deutschlands Obstsorten" (Verlag Eckstein & Stähle, Stuttgart) 1906, Heft 5.

obachtet, und zwar nach 6 Tagen 2,75%, nach 22 Tagen 2,4%, nach 39 Tagen 2,1%, nach 50 Tagen 1,9% und nach 60 Tagen 1,7%.

C. Binding, Frankfurt a. M. (+2°; 94%).

Am 13. 8. 15 von Groß-Gerau nach Frankfurt überführt und dort am Nachmittag in den Kühlraum gelagert. Verpackung: kleiner offener Korb mit nur einer Lage Birnen. Gewicht 1,55 kg netto. Befund: in den ersten 35 Tagen langsame Nachreifung, nach 66 Tagen sind noch fast alle Früchte gut erhalten, und die größere Hälfte hat ihre Vollreife erreicht. Die unreifen entwickeln sich normal bei Überführung in Zimmertemperatur. Der Geschmack der Früchte, der gleich nach dem Ausbringen etwas muffig ist (Kellergeschmack), wird nach einigen Tagen wieder rein. Nach 12 Tagen Lagerzeit wurde eine Gewichtszunahme von 0,8% gemessen, nach 31 Tagen trat aber bereits ein Gewichtsverlust von 0,8% auf, der sich nach 43 Tagen auf 1,4% erhöhte.

D. Bachmann, Frankfurt a. M. (—1°; 91%).

Behandlung und Verpackung wie unter C. Gewicht: 1,77 kg. Befund: nach 26 Tagen kann noch keine merkliche Nachreifung festgestellt werden. Bei Überführung in Zimmertemperatur tritt jedoch die normale Entwicklung ein.

XIX. Rousselette-Birnen.

Herkunft des Obstes: Lechheim bei Groß-Gerau. Gepflückt am 9. 8. 15. Transport nach Groß-Gerau einige Stunden per Bahn, daselbst 3 Tage bei +18° gelagert. Zustand beim Einbringen in die Kühlräume: baumreif, gesund.

A. Union, Groß-Gerau I (+1°; 83%).

Eingebracht in den Kühlraum 12. 8. 15 vorm. Verpackung: offener Korb, Schütthöhe 17 cm, Länge 42 cm, Breite 28 cm. Gewicht: 13,30 kg netto. Befund: nach 19 Tagen nicht merklich verändert, bei längerer Lagerzeit reifen die Früchte ziemlich schnell nach. Nach 48 Tagen sind schon 20% der Früchte verdorben. Der Geschmack der gesunden ist auch schon stark vermindert (schnapsig, beißende Säure). Die Gewichtsverluste betrugen nach 23 Tagen 2,5% und nach 37 Tagen 4,4%.

B. Union, Groß-Gerau II (±0°; 91%).

Eingebracht in den Kühlraum am 12. 8. 15 vorm. Verpackung: kleiner offener Korb, Schütthöhe 9 cm, Länge 37 cm, Breite 13 cm. Gewicht: 2,96 kg netto. Befund: nach 35 Tagen ist nur eine geringe Weiterentwicklung zur Reife festzustellen, bei Überführung in Zimmertemperatur entwickeln sich die Früchte normal. Nach 60 Tagen sind 20% verdorben (teils morsch, teils mit faulen Flecken). Der Rest ist nur teilweise bis zur Vollreife entwickelt, es tritt keine so starke Geschmackverminderung auf wie unter A. Nach 6 Tagen Lagerzeit wurde eine Gewichtszunahme von 0,7% gemessen; nach 23 Tagen war das ursprüngliche Gewicht wieder erreicht. Nach 50 Tagen betrug der Gewichtsverlust 2,7% und nach 60 Tagen 3,1%.

C. Bachmann, Frankfurt a. M. (—1°; 91%).

Am 13. 8. 15 vorm. Transport nach Frankfurt und Einlagerung in den Kühlraum. Verpackung wie unter B. Gewicht 2,90 kg netto. Befund: nach 22 Tagen unverändert, fast nicht nachgereift. Bei Überführung in Zimmertemperatur tritt Vollreife in wenigen Tagen ein.

XX. Beste Birnen.

Herkunft des Obstes: Groß-Gerau. Gepflückt am 14. 8. 15, daselbst 2 Tage bei +20° gelagert. Zustand des Obstes bei der Einlagerung in die Kühlräume: baumreif, gesund.

A. Union, Groß-Gerau I (+1,5°; 83%).

Eingelagert in den Kühlraum am 16. 8. 15 nachm. Verpackung: kleiner offener Korb, Schütthöhe 11 cm, Länge 39 cm, Breite 12 cm. Gewicht: 2,79 kg netto. Befund: nach 19 Tagen waren die Früchte nur wenig nachgereift, nur vereinzelte Früchte wurden etwas weicher. Der Gewichtsverlust betrug 1,4%.

B. Binding, Frankfurt a. M. (+2°; 94%).

Am 16. 8. 15 von Groß-Gerau nach Frankfurt gebracht. Am 17. 8. 15 vorm. in den Kühlraum gelagert. Verpackung: wie unter A. Gewicht: 2,37 kg netto. Befund: nach 23 Tagen fast unverändert, nur etwas nachgereift; nach 51 Tagen sind 20% verdorben (innen morsch), 40% vollreif und 40% noch grün. Die grünen reifen bei Überführung in Zimmertemperatur in wenigen Tagen nach. Der Geschmack ist nach 51tägiger Lagerung etwas zurückgegangen.

XXI. Gute Louise von Avranches.

Die Gute Louise ist eine Markt- und Tafelfrucht ersten Ranges. Die Haltbarkeit der Früchte ist jedoch in gewöhnlichen Lagerräumen eng begrenzt, besonders wenn die Ernte spät erfolgte. Die Früchte werden gewöhnlich Ende August oder Anfang September gepflückt, wenn die Schale beginnt gelb zu werden. Das Fleisch der reifen Früchte ist gelblichweiß, sehr saftreich, schmelzend, süß und melonenartig gewürzt[1]).

A. Union, Groß-Gerau I (+1°; 83%).

Herkunft des Obstes: Bauschheim bei Groß-Gerau. Gepflückt am 23. 8. 15 vorm. Transportdauer einige Stunden per Achse bei +22°. Eingelagert in den Kühlraum am 23. 8. 15 nachm. Verpackung: 5 offene Körbe, Schütthöhe 20 bis 25 cm, Durchmesser 45 cm. Gewichte: 4 Körbe zu 15 bis 16 kg, 1 Korb 10,58 kg netto. Zustand des Obstes: baumreif, gesund. Befund: nach 30 Tagen fast unverändert, nur etwas nachgereift; nach 60 Tagen weiter vorgeschrittener Reifezustand, an einzelnen Früchten beginnende Schrumpfung, 1 bis 2% mit faulen Stellen; nach 70 Tagen zunehmende Schrumpfung, einige Früchte vollreif, die meisten aber noch nicht voll entwickelt; 5% verdorben (angefault). Bei Überführung in Zimmertemperatur stellt sich die Vollreife in 4 bis 6 Tagen ein. Ein kleiner Teil der Früchte wurde noch länger aufbewahrt, und zwar bis zu 90 Tagen; dabei schrumpften die Früchte merklich zusammen, reiften nach und gingen bei Überführung in Zimmertemperatur rasch in Fäulnis über. Der Geschmack und das Aroma waren nach 70 Tagen noch ganz auf der Höhe,

---

[1]) Vgl. „Deutschlands Obstsorten" (Verlag Eckstein & Stähle, Stuttgart) 1906, Heft 4.

gingen aber danach merklich zurück. Die Gewichtsverluste betrugen nach 8 Tagen 1,7%, nach 38 Tagen 3,9% und nach 70 Tagen 7,2%. Von einem dieser Körbe wurden nach 8-, 38- und 70tägiger Lagerung je 5 kg für die chemischen Analysen entnommen (vgl. S. 97).

B. Union, Groß-Gerau II (±0°; 91%).

Herkunft des Obstes: Gimbsheim a. Rh. Gepflückt am 26. 8. 15. Transportdauer 1 Tag, danach 4 Tage bei +16° gelagert. Eingebracht in den Kühlraum am 31. 8. 15. Verpackung: kleiner offener Korb, Schütthöhe 13 cm, Länge 36 cm, Breite 12 cm. Gewicht 3,36 kg netto. Zustand: baumreif mit einigen gelben Flecken, gesund. Befund: Die ersten 30 Tage ist kaum eine Nachreifung zu beobachten; danach entwickeln sich aber die Früchte schneller als unter A, was zweifellos darauf zurückzuführen ist, daß hier zwischen der Ernte und der Einlagerung mehrere Tage verstrichen sind. Nach 70 Tagen sind etwa 10% verdorben (faul), der Rest ist in der Reife ziemlich weit vorgeschritten; der Geschmack dieser Früchte ist vorzüglich.

XXII. Pastorenbirnen.

Im Süden gilt die Pastorenbirne meist noch als gute Tafelbirne, im Norden nur als Wirtschaftssorte und als vorzügliche Kochbirne. Der Geschmack wechselt stark in den verschiedenen Bodenarten und bei verschiedener Jahreswitterung. Das Fleisch ist nicht gerade schmelzend, aber doch saftig ohne besonderes Gewürz. Die Haltbarkeit ist auch in gewöhnlichen Lagerkellern eine gute (bis Januar); die Früchte welken nicht. Erntezeit: Ende September bis Anfang Oktober[1]).

Herkunft des Obstes: Wallerstädten bei Groß-Gerau. Gepflückt zwischen dem 20. und 25. 9. 15. In Groß-Gerau 5 Wochen bei +8 bis +10° gelagert. Eingebracht in die Kühlräume am 27. 10. 15. Zustand: gesund, baumreif, teilweise etwas nachgereift.

A. Union, Groß-Gerau I (+1°; 83%).

Verpackung: offener Korb, Schütthöhe 19 cm, Länge 45 cm, Breite 13 cm. Gewicht: 14,81 kg netto. Befund: die Früchte reifen langsam nach unter geringer Einbuße an Säure und Aroma; nach 30 Tagen treten vereinzelt Fäulnisflecken auf; nach 55 Tagen (21. 12. 15) sind 5% verdorben (angefault), der Rest meist nachgereift, teilweise aber noch grün. Es wurde keine Schrumpfung beobachtet. In Zimmertemperatur reifen die Früchte normal aus. Die Gewichtsverluste betrugen nach 15 Tagen 0,8%, nach 27 Tagen 2%, nach 36 Tagen 2,3% und nach 50 Tagen 3,1%.

B. Union, Groß-Gerau II (±0°; 91%).

Verpackung: kleiner offener Korb, Schütthöhe 12 cm, Länge 37 cm, Breite 13 cm. Gewicht: 3,54 kg netto. Befund: die Früchte reifen langsamer als unter A, auch die Fäulnisflecken treten in geringerem Maße auf; der Aroma- und Säurerückgang macht sich auch hier bemerkbar. Nach

[1]) Vgl. „Deutschlands Obstsorten“, 1910, Heft 17.

55 Tagen sind 98% der Früchte gut erhalten, teilweise fast ausgereift, 2% sind verdorben. Die Früchte entwickeln sich in Zimmertemperatur normal weiter. Die Gewichtsverluste betrugen nach 9 Tagen 0,1%, nach 27 Tagen 0,6%, nach 42 Tagen 0,9% und nach 50 Tagen 1%.

C. Binding, Frankfurt a. M. (+2,2°; 94%).

Verpackung: wie unter B. Gewicht 2,94 kg netto. Befund: nach 55 Tagen 2% verdorben (Fäulnis und leichter Schimmelansatz), der Rest meist nachgereift, jedoch teilweise noch grün.

Zusammenfassung der Versuchsergebnisse mit Birnen.

Alle untersuchten Birnensorten mit Ausnahme der Guten Louise (XXI A) wurden nicht unmittelbar nach der Ernte, sondern erst einige Tage darauf in den Kühlraum gebracht. Dieser ungünstige Umstand ist bei der Bewertung der Versuchsergebnisse im Auge zu behalten. Alle Sorten wurden im baumreifen Zustand geerntet. Die Einwirkung der tiefen Temperaturen hat bei keiner der 6 untersuchten Birnensorten den Reifeprozeß unterbunden, sondern nur eine Verzögerung der Reifungsvorgänge bewirkt. Bei zu trockener Luft (83% rel. Feuchtigkeit) stellten sich bei den meisten Sorten Schrumpfungserscheinungen ein, die Früchte wurden an der Oberfläche welk; eine Ausnahme bildeten nur Williams Christbirnen und Pastorenbirnen. In sehr feuchten Räumen (über 90% rel. Feuchtigkeit) traten wiederholt Kondensationserscheinungen (vgl. S. 48) auf, die eine vorübergehende Gewichtszunahme zur Folge hatten, ohne irgendwelche nachteiligen Folgen zu hinterlassen.

Die Williams Christbirnen erwiesen sich als sehr empfindlich. Immerhin konnte die Aufbewahrungszeit, die in gewöhnlichen Lagerräumen nur 14 Tage beträgt, im Kühlraum verdoppelt werden; tiefere Temperaturen bis —1° und nicht zu hohe Feuchtigkeitsgrade (85 bis 90%) scheinen angebracht zu sein.

Besonders gute Ergebnisse wurden bei der Kaltlagerung von Amanlis Butterbirne und von Gute Louise erzielt. Diese Sorten, die in gewöhnlichen Lagerräumen nur eine sehr kurzfristige Aufbewahrungsmöglichkeit aufweisen, konnten bei 0° und 90% relativer Feuchtigkeit 10 bis 12 Wochen in gutem Zustand erhalten werden. Der Aromaverlust ist nicht bedeutend und fällt bei den an sich nicht sehr aromatischen Amanlis Butterbirnen besonders wenig auf.

Rouselette und Beste Birnen hatten im Kühlraum eine relativ geringe Haltbarkeit, und zwar erstere 5 bis 6 Wochen bei 0° und 90% relativer Feuchtigkeit, letztere 4 Wochen bei +2° und 94% relativer Feuchtigkeit.

Bei der Pastorenbirne dürfte die Kühlung kaum am Platze sein, da sich diese Sorte auch in gewöhnlichen Obstlagerräumen bis Januar erhalten läßt. Viel mehr wird sich in Kühlräumen auch nicht erreichen lassen.

Den Einfluß der Kühlung auf die Haltbarkeit von Birnen hat in Deutschland Schmitz-Hübsch in seinem Kühlhaus untersucht. Er ist der Ansicht[1]), daß die meisten Früh- und Herbstsorten die Kälte ohne Nachteil vertragen können; sie müssen nur unmittelbar nach der Ernte gekühlt werden. Die meisten Birnen verlieren aber bei der Kaltlagerung einen Teil ihres Aromas; das gilt besonders von Clairgeaus Butterbirne und der Pastorenbirne. Manche Sorten werden im Kühlraum überhaupt nicht reif, sondern bleiben grün und rübenartig, z. B. König Karl von Württemberg und Herzogin von Angoulême. Ausgezeichnet saftig, schmelzend und fast voller Gewürz bleibt im Kühlraum bis Weihnachten die Vereins-Dechantsbirne.

Bei den amerikanischen Versuchen wurde die Williams Christbirne (dort Bartlett genannt) und die Varietät Kieffer eingehend untersucht. Vom richtigen Zeitpunkt der Ernte und der raschen Einlagerung ins Kühlhaus hängt der Erfolg ab. Eine Temperatur von 0 bis +0,5° wird als die günstigste bezeichnet. Zur raschen Entfernung der Eigenwärme wird in den ersten Lagertagen sogar eine Temperatur bis —4° empfohlen[2]).

Nach einem Bericht von Silvetti[3]) konnte die Bartlett bei 0° bis zu 6 Wochen konserviert werden, wenn sie längstens 48 Stunden nach der Ernte ins Kühlhaus kam. Wenn dagegen nach der Ernte 4 Tage verstrichen waren, ehe die Früchte gekühlt werden konnten, so stellte sich nach 6 Wochen ein Verlust von 20 bis 30% ein.

---

[1]) Schmitz-Hübsch, Deutsche Obstbauzeitung 1911, Heft 10 und 1914, Heft 11.

[2]) Vgl. Deutsche Obstbauzeitung 1907, Heft 20, S. 317 und 1909 Heft 10 u. 11, S. 172.

[3]) Vgl. Eis- und Kälte-Industrie, August 1912, S. 148.

Im Gegensatz zu den vorstehenden Ergebnissen stehen die Mitteilungen von Cairns[1]) über Obstkühlung in West-Australien. Er gibt durchweg eine viel längere Haltbarkeit der Birnen in Kühlräumen an und hält auch solche Sorten für aufbewahrungsfähig, mit denen in Deutschland keine günstigen Erfahrungen gemacht wurden. So soll z. B. bei einer Temperatur von —1 bis +0,5° Clairgeaus Butterbirne 6 Monate, Bartlett und Duchesse d'Angoulême 4 Monate konserviert werden können. Es ist möglich, daß diese Unterschiede in den ganz verschiedenen klimatischen und Bodenverhältnissen begründet sind. Wir haben auch schon bei anderen westaustralischen Obstsorten eine besonders lange Haltbarkeit konstatiert (z. B. bei den Pfirsichen S. 73).

Zusammenstellung der Aufbewahrungsdauer der untersuchten Obstsorten bei den günstigsten Versuchsbedingungen.

Frucht	Günstigste Versuchsbedingungen		Aufbewahrungsdauer ohne nennenswerten Verlust	Bemerkungen
	Temperatur °C	relative Feuchtigkeit %		
Rote Herzkirschen . .	0 bis +1,5	92,5 % bei 0° bzw. 83 % bei +1,5°	3 bis 4 Wochen	3 Tage Bahntransport
Schwarze Herzkirschen			8 bis 10 Tage	3 „ „
Saure Kirschen . . .			4 bis 5 Wochen	frisch vom Baum gekühlt
Rote Johannisbeeren .			3 Wochen	„ „ „ „
Heidelbeeren			8 Tage	3 Tage Bahntransport feuchte Beeren
Stachelbeeren			8 bis 10 Tage	vollreife Beeren, frisch vom Strauch gekühlt
Himbeeren	0	92,5	8 Tage	etwas weich, 1 Tag Bahntransport
Aprikosen	0	92,5	2 Wochen	reife Früchte, 2 Tage Bahntransport
Pfirsiche	0 bis +2	83 bis 94	2 bis 3 Wochen	Billige Einmachsorte, meist baumreif, gleich gekühlt
Zwetschen	0	90 bis 92	3 Wochen	meist reif, 1 Tag Transport
Reineclauden	0	90 » 92	3 Wochen	halbreif } 3 Tage Bahntransport
»	0	90 » 92	2 Wochen	reif } 3 Tage Bahntransport
Mirabellen	0	90 » 92	4 Wochen	halbreif } 3 Tage Bahntransport
»	0	90 » 92	3 bis 3½ Wochen	reif } 3 Tage Bahntransport
Falläpfel	0	90 » 92	10 bis 12 Wochen	unreif
Schafsnasen-Äpfel . .	+2	94	10 bis 12 Wochen	baumreif, 7 Tage nach dem Pflücken gekühlt
Schweizer Herbstäpfel	0 bis +2	91 bis 94	über 7 Wochen	14 Tage nach dem Pflücken gekühlt

Frucht	Günstigste Versuchsbedingungen		Aufbewahrungsdauer ohne nennenswerten Verlust	Bemerkungen
	Temperatur °C	relative Feuchtigkeit %		
Williams Christbirnen	—1 bis+1	85 bis 90	4 Wochen	baumreif, 2 bis 3 Tage nach dem Pflücken gekühlt
Amanlis Butterbirnen	—1 » +1	90	10 bis 12 Wochen	baumreif, 5 bis 6 Tage nach dem Pflücken gekühlt
Rouselette	0	90	5 bis 6 Wochen	baumreif, 3 Tage nach dem Pflücken gekühlt
Beste Birnen	+2	94	4 Wochen	baumreif, 2 Tage nach dem Pflücken gekühlt
Gute Louise	0 bis +1	90	10 Wochen	baumreif, gleich nach dem Pflücken bzw. nach 5 Tagen gekühlt
Pastorenbirnen	0 bis +2	90	10 Wocheu	meist baumreif, 5 Wochen nach dem Pflücken gekühlt

Es sei ausdrücklich bemerkt, daß die in dieser Tabelle angeführte Aufbewahrungsdauer verschiedener Obstsorten den günstigsten Bedingungen entspricht, die wir bei unseren Versuchen einhalten konnten. Es ist durchaus möglich, daß unter anderen Lagerbedingungen, z. B. bei trockenerer und bewegter Luft, manche Sorte eine längere Haltbarkeit aufweisen würde. Darüber können aber nur weitere Versuche entscheiden.

8. Die geschmacklichen Veränderungen des Obstes beim Lagern in Kühlräumen.

Bei der großen Unsicherheit, die heute noch auf dem Gebiete der Geschmaksphysiologie herrscht, ist es schwer, Änderungen des Geschmakes mit chemischen Vorgängen in beweisenden Zusammenhang zu bringen. Der große Anteil, welchen die Fruchtsäuren an dem Genußwert des Obstes haben, erwekt besonderes Interesse für die geschmackliche Säurewirkung und ihre Ursachen. Soviel steht fest, daß der saure Geschmak die Anwesenheit von Wasserstoff voraussetzt. Dabei steht aber nicht in allen Fällen die Konzentration der Wasserstoffionen in einem bestimmten Verhältnis zum sauren Geschmack. Interessant ist die Beobachtung, daß die Salze zweibasischer organischer Säuren, zu welchen ja die uns hier besonders interessierenden Apfel- und Weinsäure gehören, selbst in so weit verdünnten

[1]) Cairns a. a. O.

Lösungen noch sauer schmecken, die hinsichtlich der Konzentration der Wasserstoffionen weit unterhalb der Grenze stehen, welche bei Mineralsäuren noch einen sauren Geschmack bewirkt. Das gleiche gilt auch von der dreibasischen Zitronensäure. Ob die hierfür gegebenen wissenschaftlichen Erklärungen die Fragen lösen oder nicht — wir sind einstweilen darauf angewiesen, rein empirisch unserer Zunge das Urteil zu überlassen. Schließlich ist ihr Richterspruch bei Nahrungs- und Genußmitteln doch ausschlaggebend, und wir können uns bei der Festlegung hierher gehöriger Tatsachen damit beruhigen, daß die Zunge empfindlicher ist als feinste chemische Reaktionen. Allerdings muß der Geschmack geübt und ausgebildet sein; in dieser Richtung stand uns Herr Direktor Zarges als besonders bewährter Mitarbeiter zur Seite.

Sämtliche Obstsorten wurden vor der Kostprobe bzw. vor der Verarbeitung zu Dauerware nicht direkt aus dem Kühlraum an die warme Außenluft gebracht, sondern erst 12 bis 24 Stunden langsam vorgewärmt. Diese Vorwärmung ging entweder in besonderen mäßig gekühlten Vorräumen oder in den Aufzugsschächten der Brauereikeller vor sich. Würde man das gekühlte Obst direkt der warmen Außenluft aussetzen, so würde sich auf den Früchten ein Niederschlag bilden, der ein rascheres Verderben zur Folge hätte. Auch für die Beurteilung des Geschmackswertes war es wichtig, die Früchte nicht sofort nach der Herausnahme aus dem Kühlraum zu kosten, sondern ihnen erst Gelegenheit zu geben, sich bis nahe auf Zimmertemperatur vorzuwärmen; es ist eine bekannte Tatsache, daß Geschmack und Aroma bei zu tiefen Temperaturen nicht voll zur Geltung kommen.

Bei der besonderen Berücksichtigung, die wir der Erhaltung des Wirtschaftsobstes zuteil werden ließen, wurden Geschmacksproben nicht nur von den Früchten selbst genommen, sondern diese auch zu Dauerwaren verarbeitet. Im nachfolgenden sollen nur kurze Hinweise auf den Genußwert gegeben werden; über die Behandlung der verschiedenen Obstsorten in den Kühlräumen ist im vorigen Abschnitt ausführlich berichtet. Bei den Beerenfrüchten (Himbeeren, Johannisbeeren, Stachelbeeren) hielten sich in den Kühlräumen Aroma und Geschmack 2 bis 3 Wochen gut, dann trat eine Abnahme des Säuregeschmacks ein. Ein ähnliches Verhalten zeigten rote und saure Kirschen. Jedenfalls waren alle diese Obstsorten noch von gutem Geschmack und Aroma zu einer Zeit, in der man ohne entsprechende Behandlung ein weitgehendes Verderben hätte erwarten müssen.

Die zu Dauerwaren verarbeiteten Früchte wurden meist in die Form von Kompottfrüchten gebracht, weil bei dieser Verwendungsart die höchsten Ansprüche gestellt werden und kleine Geschmacksfehler viel leichter zur Geltung kommen als beim Einkochen zu Marmelade. Aus roten Johannisbeeren, die 3 Wochen im Kühlraum gelegen hatten, ließ sich ein rein schmeckendes, brauchbares Kompott herstellen, wenn es auch den höchsten geschmacklichen Anforderungen nicht mehr voll genügte. Johannisbeeren, die über 6 Wochen im Kühlhause aufbewahrt waren, eigneten sich nicht mehr zur Herstellung von Kompott, wohl aber von Marmelade. Aus Himbeeren, die 11 Tage lang im Kühlraum gelegen hatten, wurde ein Kompott hergestellt, welches wenig nach Himbeeren aber durchaus nicht unangenehm schmeckte. Süße rote und schwarze Kirschen gaben ein säurearmes Kompott ohne den besonderen Geschmack der Früchte. Besser waren die mit Sauerkirschen erzielten Ergebnisse: nach etwa sechswöchiger Aufbewahrung im Kühlraum ergab sich ein Kompott von geschmacklich ziemlich guten Eigenschaften.

Die nach etwa dreiwöchigem Aufenthalt im Kühlraum zu Kompottfrüchten verarbeiteten Aprikosen zeigten gute Konsistenz und lagen fast durchweg in klarer, reinschmeckender Brühe. Leider machte sich sowohl bei den halben als auch bei den ganzen Früchten ein störender Schimmelgeschmack geltend. Auf das Fernhalten von Schimmelpilzen ist hier besonders zu achten.

Ganz besonders scharf machte sich der Säurerückgang bei den Pfirsichen bemerkbar, was auch durch die chemischen Befunde (Abschnitt 9) bestätigt wird. Bei der untersuchten billigen Wirtschaftssorte war die Dauer der Aufbewahrung im Kühlraum direkt durch den Rückgang des spezifischen Geschmacks und nicht etwa durch Schimmel- und Fäulnisbildung begrenzt; bereits nach zweiwöchentlicher Lagerung begann der charakteristische säuerliche Geschmack langsam zurückzutreten, und nach 6 Wochen war keine Spur von Wohlgeschmack und Aroma mehr zu finden (s. Abschnitt 7 Punkt X).

Aus Zwetschen, die 4 Wochen im Kühlraum gelegen hatten, ließen sich Kompottfrüchte herstellen, deren große Süße infolge Zurücktretens der Säure besonders zur Geltung kam. Beachtenswerterweise war ein vom Kern herrührender Beigeschmack hier nicht zu beobachten, eine Erscheinung, die sich bei den Kirschenkompotten regelmäßig zeigte. Reife und halbreife Mirabellen ergaben ein wenig saures Kompott von nicht schöner Farbe und vermindertem Geschmack, doch ein immerhin noch brauchbares Produkt.

Besondere Aufmerksamkeit muß den Versuchen mit Äpfeln geschenkt werden im Hinblick auf die Bedeutung dieses Obstes für die Herstellung von Dauerwaren. Zunächst konnte festgestellt werden, daß Falläpfel, die 6 Wochen im Kühlraum gelegen hatten, ein sehr gutes Gelee ergaben, und daß sich aus einer anderen Probe nach siebenwöchiger Aufbewahrung im Kühlraum noch eine gute Handelsware herstellen ließ. Die Gelierfähigkeit zeigte in keinem Falle eine Abnahme. Ein gutes Kompott von charakteristischem Geschmack und normaler Säure wurde aus Schafsnase-Äpfeln hergestellt, die 6 Wochen lang im Kühlraum gelegen hatten. Aber auch der zehnwöchige Aufenthalt im Kühlraum ließ diese Apfelsorte wenn auch säurearm, so doch durchaus geeignet zur Marmelade- und Musbereitung erscheinen. Schweizer Herbstäpfel (weiße Schafsnasen und andere Sorten) zeigten sehr gute Haltbarkeit und keine Abnahme der geschmacklichen Säurewirkung. Sie ergaben nach vierwöchigem Verweilen in Kühlräumen bei 0 bis $+ 2^0$ gute Kompotte und behielten ihre Eigenschaft als sehr gutes Marmelade- oder Musobst.

Von Birnen zeigte die Williams Christ-Birne nach dreiwöchigem Aufenthalt im Kühlraum etwa dieselbe Beschaffenheit wie beim Einbringen. Aus Amanlis Butterbirne wurde, nachdem sie etwa 9 Wochen lang im Kühlraum gelegen hatte, ein gutes Kompott von charakteristischem Geschmack hergestellt. Etwas weniger gut, weil nicht so charakteristisch im Geschmack, stellte sich das Kompott dar, welches aus Rousselette-Birnen, nach neunwöchigem Lagern im Kühlraum, hergestellt war. Das aus Beste Birnen hergestellte Kompott entbehrte des eigentümlichen Birnengeschmacks. Von der Sorte Gute Luise-Birnen wurden nach etwa achtwöchigem und nach zehnwöchigem Lagern im Kühlraum Kompotte hergestellt. Die länger gelagerten Früchte ergaben hinsichtlich des charakteristischen Geschmackes das bessere Resultat, wenn auch in beiden Fällen eine gewisse Einbuße an Säuregeschmack festgestellt werden konnte. Die mit Pastorenbirnen erzielten Resultate ließen zu wünschen übrig: Säure und Aroma zeigten in dem nach fünfwöchigem Lagern der Birnen im Kühlraum hergestellten Kompott starke Abnahme.

Ein mit der Lagerzeit ständig zunehmender Säurerückgang konnte also in allen Fällen beobachtet werden. Es sei festgestellt, daß die damit verbundenen geschmacklichen Benachteiligungen in erster Linie beim Genuß des Obstes in rohem Zustande in Frage kommen. Bei der Herstellung von Dauerwaren dagegen kann sich der erfahrene Fabrikant stets durch Zusatz künstlicher Säuren helfen.

9. Die Veränderungen der chemischen Zusammensetzung einiger untersuchter Obstsorten während der Lagerung im Kühlraum.

Wie wir bereits im Abschnitt 7 erwähnt haben, wurden einige kaltgelagerte Obstsorten in gewissen Zeitabständen der chemischen Analyse unterworfen, um die Veränderungen in der Zusammensetzung übersehen zu können. Die Analysen wurden im Institut von Professor Dr. Becker in Frankfurt a. M. ausgeführt, und die folgende Wiedergabe der Versuchsergebnisse stellt im wesentlichen einen Auszug aus dem Bericht des Herrn Professor Becker dar.

Es wurden folgende Obstsorten, die im Kühlraum I der Union Brauerei in Groß-Gerau lagerten (vgl. Abschn. 7), laufend analysiert:

1. Gute Louise-Birnen,
2. Schafsnasen-Äpfel,
3. Zwetschen,
4. Pfirsiche.

Die ersten Versuche fanden bald nach der Einlagerung des Obstes in den Kühlraum statt. Die Tage der folgenden Untersuchungen sind aus den nachstehenden Tabellen zu entnehmen.

Die Proben wurden sofort nach der Einlieferung in das Laboratorium in Angriff genommen. Die Äpfel und Birnen wurden nach Entfernung der Stiele und Kelche, jedoch mit Schale und Kernen nebst Kernhaus mit einem Reibeisen zerrieben. Die zerriebene Masse wurde mit einer kleinen Tinkturenpresse ausgepreßt, und zwar so stark es mit dieser eben möglich war. Der dann filtrierte Saft wurde ohne weiteres zur Untersuchung verwendet.

Die Untersuchung des ausgepreßten Saftes erschien insofern zweckdienlicher, als sie unmittelbar nach dem Pressen beginnen konnte und dadurch verhindert wurde, daß eine Veränderung in der Zusammensetzung des Materials eintrat, wie dieses leicht der Fall sein kann, wenn man, wie es oft geschieht, den wässerigen Auszug der zerkleinerten Früchte analysiert. Bei der Herstellung eines solchen Auszuges ist immer ein mehrere Stunden währendes Digerieren notwendig.

Zur Bestimmung des Wassergehaltes in den Birnen und Äpfeln wurden immer zwei ganze Früchte in Scheiben geschnitten und durch Aufhängen an einem Bindfaden an der Luft getrocknet. Diese vorgetrockneten Schnitzel wurden dann nach stattgehabter Zerkleinerung bei 105° C bis zur Gewichtskonstanz getrocknet und gewogen.

Um die erhaltenen Saftzahlen auf das ganze Obst umzurechnen, wurde in einem besonderen Teile des Obstes der Gehalt an in Wasser unlöslichen Bestandteilen ermittelt.

Bei den Zwetschen und Pfirsichen war ein Pressen zum Zwecke der Saftgewinnung nicht angängig, weshalb die von den Steinen befreiten Früchte samt Schalen zu Mus gemahlen wurden. Von diesem Mus wurde ein wässeriger Auszug hergestellt, indem jedesmal 400 g des gut durchgemischten Muses mit 1 Liter Wasser übergossen und nach Zusatz einiger Tropfen Chloroform zur Vermeidung von Gärung 24 Stunden bei öfterem Schütteln digeriert wurden. Nachdem die Masse durch vierfach zusammengelegten Verbandmull filtriert war, folgte die Analyse des Auszuges. Auf diese Weise erhielt man eine Lösung, welche in 1400 g die löslichen Bestandteile von 400 g Mus enthielt. Durch die erschöpfende Extraktion eines besonderen Teiles des Muses wurde noch der in ihm enthaltene unlösliche Anteil ermittelt und so die Grundlage für eine sachgemäße Umrechnung gewonnen. Der Wassergehalt des Muses wurde, ebenfalls in einem besonderen Teile, durch Trocknen bei 105° C bis zur Gewichtskonstanz bestimmt. Um aus den erhaltenen Muszahlen die einzelnen Bestandteile auf die ganze Frucht einschließlich Steinen berechnen zu können, mußten auch die entfernten Steine gewogen werden.

Die Untersuchungsergebnisse finden sich in folgender Zusammenstellung:

1. Birnen (Sorte: Gute Louise).

I. Analysen des Saftes.

In 100 ccm sind g enthalten:

Probe Nr.	I	II	III	IV
Tag der Untersuchung	28.8.1915	31.8.1915	30.9.1915	1.11.1915
Lagerzeit in Tagen	2	8	38	70
Saft-Ausbeute	76,5 %	78,8 %	77,2 %	—
Spezifisches Gewicht des Saftes	1,0560	1,0553	1,0606	1,0608
Extrakt indirekt	14,51	14,33	15,71	15,76
Freie Säure, berechnet als Äpfelsäure	0,412	0,412	0,389	0,342
Flüchtige Säure, ber. als Essigsäure	0,007	0,010	0,011	0,012
Fixe Säure, berechnet als Äpfelsäure	0,404	0,401	0,377	0,329
Äpfelsäure	0,422	0,423	0,402	0,362
Gerb- und Farbstoff	0,038	0,038	—	—
Invert-Zucker	8,66	8,13	9,67	9,58
Rohr-Zucker	3,96	3,49	2,01	1,08
Gesamt-Zucker	12,62	11,62	11,68	10,66
Extrakt, zuckerfrei	1,89	2,71	4,03	5,10

II. Berechnung der Zusammensetzung des Saftes auf das Obst zur Zeit der Untersuchung. (Relative Befunde in Gewichtsprozenten.)

(Trockensubstanz = 100-Wasser; Extrakt = wasserlösliche Trockensubstanz.)

Probe Nr.	I	II	III	IV
Wasser	82,0	82,70	82,15	82,12
Trockensubstanz	18,0	17,30	17,85	17,88
Unlösliches	4,90	4,56	5,03	4,72
Extrakt	13,10	12,74	12,82	13,16
Freie Säure, berechnet als Äpfelsäure	0,371	0,372	0,348	0,307
Flüchtige Säure, ber. als Essigsäure	0,006	0,009	0,010	0,011
Fixe Säure, berechnet als Äpfelsäure	0,364	0,362	0,337	0,295

Probe Nr.	I	II	III	IV
Äpfelsäure	0,380	0,382	0,358	0,325
Gerb- und Farbstoff	0,034	0,034	—	—
Invert-Zucker	7,80	7,35	8,60	8,60
Rohr-Zucker	3,57	3,16	1,79	0,97
Gesamt-Zucker	11,37	10,50	10,39	9,57
Extrakt, zuckerfrei	1,73	2,24	2,43	3,59

III. Berechnung der Zusammensetzung des Saftes auf das frische Obst unter Berücksichtigung des während der Lagerung stattgehabten Gewichtsverlustes. (Absolute Befunde in Gewichtsprozenten.)

Probe Nr.	I	II	III	IV
Gewichtsverlust in % des Frischgew.	—	1,7	3,9	7,3
Wasser	82,0	81,30	78,95	76,12
Trockenrückstand	18,0	17,0	17,15	16,58
Unlösliches	4,90	4,48	4,83	4,37
Extrakt	13,10	12,52	12,32	12,21
Freie Säure, berechnet als Äpfelsäure	0,371	0,365	0,334	0,284
Flüchtige Säure, ber. als Essigsäure	0,006	0,009	0,010	0,010
Fixe Säure, berechnet als Äpfelsäure	0,364	0,355	0,323	0,273
Äpfelsäure	0,380	0,375	0,344	0,301
Gerb- und Farbstoff	0,034	0,034	—	—
Invert-Zucker	7,80	7,22	8,26	7,97
Rohr-Zucker	3,57	3,08	1,72	0,90
Gesamt-Zucker	11,37	10,30	9,98	8,87
Extrakt, zuckerfrei	1,73	2,22	2,34	3,34

Bemerkungen:

Zu Proben Nr. I. Das Obst war grün und hart, wenig fruchtig, einzelne Früchte zeigten braune Stellen. Die Kerne waren in der Hauptsache weiß.

Zu Proben Nr. II. Im Vergleich zur ersten Sendung keine wesentliche Veränderung, das Obst war nur etwas saftiger.

Zu Proben Nr. III. Der Nachreifeprozeß machte sich bemerkbar. Die Früchte sind weicher, saftiger und süßer geworden. Die Farbe der Schale ist mehr ins Gelbliche übergegangen. Einzelne Früchte zeigten berostete Stellen.

Zu Proben Nr. IV. Der Geruch war noch etwas grün. Das Fruchtaroma war zwar stärker, aber doch noch nicht voll entwickelt. Die Zunahme an Süße war nur eine geringe. Dagegen zeigten einige Birnen nach mehrtägigem Liegen bei Zimmertemperatur ein vollkommen entwickeltes Aroma. Die Früchte waren bedeutend süßer, weicher und saftiger als zur Zeit der Entnahme aus dem Lagerraum. Die grüne Farbe der Schale hat einer gelben Farbe Platz gemacht.

2. Äpfel (Sorte: Schafsnase).

I. Analysen des Saftes.

In 100 ccm sind g enthalten:

Probe Nr.	I	II	III	IV
Tag der Untersuchung	27. 9. 1915	4. 10. 1915	8. 11. 1915	30. 11. 1915
Lagerzeit in Tagen	0	7	42	64
Saft-Ausbeute	70,9	73,0	—	—
Spezifisches Gewicht des Saftes	1,0559	1,0520	1,0544	1,0536
Extrakt, indirekt	14,49	13,47	14,09	13,89
Freie Säure, berechnet als Äpfelsäure	0,727	0,750	0,667	0,623
Flüchtige Säure, berechnet als Essigsäure	0,008	0,009	0,012	0,012
Fixe Säure, berechnet als Äpfelsäure	0,717	0,740	0,654	0,610
Äpfelsäure	0,753	0,767	0,686	0,643
Gerb- und Farbstoff	—	—	—	—
Invert-Zucker	7,04	7,10	8,05	8,00
Rohr-Zucker	4,20	2,99	2,54	2,62
Gesamt-Zucker	11,24	10,09	10,59	10,62
Extrakt, zuckerfrei	3,25	3,38	3,50	3,27

II. Berechnung der Zusammensetzung des Saftes auf das Obst zur Zeit der Untersuchung. (Relative Befunde in Gewichtsprozenten).

(Trockensubstanz = 100 — Wasser; Extrakt = wasserlösl. Trockensubstanz.)

Probe Nr.	I	II	III	IV
Wasser	84,18	84,40	83,60	82,90
Trockensubstanz	15,82	15,60	16,40	17,10
Unlösliches	4,00	3,56	4,36	4,64
Extrakt	11,82	12,04	12,04	12,46
Freie Säure, berechnet als Äpfelsäure	0,661	0,668	0,605	0,564
Flüchtige Säure, berechnet als Essigsäure	0,007	0,008	0,011	0,011
Fixe Säure, berechnet als Äpfelsäure	0,653	0,679	0,593	0,552
Äpfelsäure	0,684	0,703	0,622	0,582
Gerb- und Farbstoff	—	—	—	—
Invert-Zucker	6,39	6,51	7,30	7,24
Rohr-Zucker	3,82	2,74	2,30	2,37
Gesamt-Zucker	10,21	9,25	9,60	9,61
Extrakt, zuckerfrei	1,61	2,79	2,44	2,85

III. Berechnung der Zusammensetzung des Saftes auf das frische Obst unter Berücksichtigung des während der Lagerung stattgehabten Gewichtsverlustes. (Absolute Befunde in Gewichtsprozenten).

Probe Nr.	I	II	III	IV
Gewichtsverlust in °/₀ des Frischgewichtes	—	0,7	4,5	5,4
Wasser	84,18	83,80	79,84	78,42
Trockenrückstand	15,82	15,50	15,66	16,18
Unlösliches	4,00	3,54	4,17	4,39
Extrakt	11,82	11,96	11,49	11,79
Freie Säure, berechnet als Äpfelsäure	0,661	0,663	0,578	0,533
Flüchtige Säure, berechnet als Essigsäure	0,007	0,008	0,011	0,009
Fixe Säure, berechnet als Äpfelsäure	0,653	0,654	0,567	0,523
Äpfelsäure	0,684	0,698	0,594	0,550
Gerb- und Farbstoff	—	—	—	—
Invert-Zucker	6,39	6,46	6,97	6,94
Rohr-Zucker	3,82	2,72	2,19	2,24
Gesamt-Zucker	10,21	9,18	9,16	9,18
Extrakt, zuckerfrei	1,61	2,78	2,33	2,61

Bemerkungen:

Zu Proben Nr. I. Das Obst war noch grün und hart, wenig fruchtig, einzelne Früchte zeigten braune Stellen. Die Kerne waren in der Hauptsache weiß.

Zu Proben Nr. II. Die Wirkung des Nachreifeprozesses machte sich bemerkbar. Die Äpfel waren weicher, saftiger und aromatischer. Die Kerne waren braun.

Zu Proben Nr. III. Das Obst zeigte keine wesentliche Veränderung im Vergleich zu den Äpfeln der zweiten Sendung.

Zu Proben Nr. IV. Die Äpfel sind noch weicher, saftiger und aromatischer geworden. Es scheint der Höhepunkt erreicht zu sein. Mitunter zeigten Schalen und Fleisch berostete Stellen. Bei wärmerer Lagerung nahm das Aroma fast nicht mehr zu, es zeigte sich der beginnende Verfall. Die Früchte wurden teilweise durch und durch morsch.

Zwetschen.

I. Analysen des Muses. (Gewichtsprozente.)
(Trockensubstanz = 100 — Wasser; Extrakt = wasserlösl. Trockensubstanz).

Probe Nr.	I	II	III
Tag der Untersuchung	31. 8. 1915	6. 9. 1915	27. 9. 1915
Lagerzeit in Tagen	1	7	28
Wasser	77,80	76,40	76,30
Trockensubstanz	22,20	23,60	23,70
Unlösliches	2,77	2,63	2,97
Extrakt	19,43	20,97	20,73
Freie Säure, berechnet als Äpfelsäure	0,914	0,925	0,711
Flüchtige Säure, berechnet als Essigsäure	0,040	0,048	0,048
Fixe Säure, berechnet als Äpfelsäure	0,870	0,872	0,657
Äpfelsäure	1,016	1,000	0,735
Gerb- und Farbstoff	0,050	0,062	0,062
Invert-Zucker	10,19	8,37	9,08
Rohr-Zucker	2,63	3,89	5,48
Gesamt-Zucker	12,82	12,26	14,56
Extrakt, zuckerfrei	6,61	8,71	6,17

II. Berechnet aus den Mus-Zahlen unter Berücksichtigung des Steingehaltes. (Relative Befunde in Gewichtsprozenten.)
(Trockensubstanz = 100 — Wasser + Steine; Extrakt = wasserlösliche Trockensubstanz.)

Probe Nr.	I	II	III
Steine	5,54	5,50	6,57
Wasser	73,49	72,40	71,29
Trockensubstanz	20,97	22,10	22,14
Unlösliches	2,62	2,50	2,77
Extrakt	18,35	19,60	19,37
Freie Säure, berechnet als Äpfelsäure	0,863	0,874	0,664
Flüchtige Säure, berechnet als Essigsäure	0,038	0,045	0,045
Fixe Säure, berechnet als Äpfelsäure	0,821	0,824	0,614
Äpfelsäure	0,960	0,945	0,687
Gerb- und Farbstoff	0,047	0,058	0,058
Invert-Zucker	9,62	7,91	8,53
Rohr-Zucker	2,50	3,68	5,12
Gesamt-Zucker	12,12	11,59	13,65
Extrakt, zuckerfrei	6,23	8,01	5,72

III. Berechnung der Zusammensetzung des Muses auf das frische Obst unter Berücksichtigung des während der Lagerung stattgehabten Gewichtsverlustes. (Absolute Befunde in Gewichtsprozenten.)

Probe Nr.	I	II	III
Gewichtsverlust in Prozenten des Frischgewichts	—	1,5	7,5
Steine	5,54	5,20	6,08
Wasser	73,49	71,52	65,94
Trockenrückstand	20,97	21,78	20,48
Unlösliches	2,62	2,46	2,56
Extrakt	18,35	19,32	17,92
Freie Säure, berechnet als Äpfelsäure	0,863	0,850	0,614
Flüchtige Säure, berechnet als Essigsäure	0,038	0,044	0,042
Fixe Säure, berechnet als Äpfelsäure	0,821	0,799	0,567
Äpfelsäure	0,960	0,930	0,635
Gerb- und Farbstoff	0,047	0,057	0,054
Invert-Zucker	9,62	7,79	7,89
Rohr-Zucker	2,50	3,64	4,74
Gesamt-Zucker	12,12	11,43	12,63
Extrakt, zuckerfrei	6,23	7,89	5,29

Bemerkungen:

Zu Proben Nr. I. Das Obst war ziemlich hart, wenig saftig und hatte geringes Aroma. Der Geschmack war sauer. Das Fleisch haftete noch fest an den Steinen, einige Früchte zeigten angeschrumpfte Stellen.

Zu Proben Nr. II. Im Vergleich zur ersten Sendung zeigte das Obst keine wesentliche Veränderung, es war nur etwas süßer und weicher.

Zu Proben Nr. III. Die Wirkung des Nachreifeprozesses machte sich bemerkbar. Das Zwetschenaroma war sehr gut entwickelt. Die Früchte waren sehr süß und saftig, die Farbe des Fleisches goldgelb. Die Kerne ließen sich glatt vom Fleisch trennen. Es zeigten sich aber auch schon viel angefaulte Früchte, Beginn des Verderbens.

4. Pfirsiche. (Billige Einmach-Sorte.)

I. Analyse des Muses. (Gewichtsprozente.)
(Trockensubstanz = 100 — Wasser; Extrakt = wasserlösliche Trockensubstanz.)

Probe Nr.	I	II	III	IV
Tag der Untersuchung	14. 9. 1915	30. 9. 1915	6. 10. 1915	20. 10. 1915
Lagerzeit in Tagen	1	17	23	37
Wasser	85,75	83,90	85,49	84,56
Trockensubstanz	14,25	16,10	14,51	15,44
Unlösliches	4,42	4,11	3,66	3,75
Extrakt	9,83	11,99	10,85	11,69
Freie Säure, berechnet als Zitronensäure	1,180	0,783	0,597	0,429
Flüchtige Säure, ber. als Essigsäure	0,037	0,037	0,038	0,045
Fixe Säure, berechnet als Zitronensäure	1,138	0,741	0,553	0,377
Zitronensäure	1,261	0,762	0,615	0,509
Gerb- und Farbstoff	—	—	—	—
Invert-Zucker	1,49	1,91	1,88	2,30
Rohr-Zucker	4,71	6,88	6,29	6,71
Gesamt-Zucker	6,20	8,79	8,17	9,01
Extrakt, zuckerfrei	3,63	3,20	2,68	2,68

II. Berechnet aus den Mus-Zahlen unter Berücksichtigung des Steingehaltes. (Relative Befunde in Gewichtsprozenten.)
(Trockensubstanz = 100 — Wasser + Steine; Extrakt = wasserlösliche Trockensubstanz.)

Probe Nr.	I	II	III	IV
Steine	9,50	11,71	12,50	11,36
Wasser	77,60	74,08	74,80	74,92
Trockensubstanz	12,90	14,21	12,70	13,72
Unlösliches	4,00	3,63	3,20	3,32
Extrakt	8,90	10,58	9,50	10,40
Freie Säure, berechn. als Zitronensäure	1,068	0,691	0,522	0,380
Flüchtige Säure, ber. als Essigsäure	0,033	0,033	0,033	0,040
Fixe Säure, berechnet als Zitronensäure	1,031	0,654	0,484	0,333
Zitronensäure	1,141	0,673	0,538	0,451
Gerb- und Farbstoff	—	—	—	—
Invert-Zucker	1,35	1,69	1,65	2,04
Rohr-Zucker	4,26	6,08	5,50	5,95
Gesamt-Zucker	5,61	7,77	7,15	7,99
Extrakt, zuckerfrei	3,29	2,81	2,35	2,41

III. Berechnung der Zusammensetzung des Muses auf das frische Obst unter Berücksichtigung des während der Lagerung stattgehabten Gewichtsverlustes. (Absolute Befunde in Gewichtsprozenten.)

Probe Nr.	I	II	III	IV
Gewichtsverlust in % des Frischgew.	—	4,2	5,8	6,8
Steine	9,50	11,22	11,77	10,58
Wasser	77,60	70,97	70,46	69,83
Trockenrückstand	12,90	13,61	11,97	12,79
Unlösliches	4,00	3,47	3,01	3,09
Extrakt	8,90	10,14	8,96	9,70
Freie Säure, berechn. als Zitronensäure	1,068	0,661	0,492	0,354
Flüchtige Säure, ber. als Essigsäure	0,033	0,032	0,031	0,037
Fixe Säure, berechnet als Zitronensäure	1,031	0,624	0,456	0,311
Zitronensäure	1,141	0,645	0,507	0,420
Gerb- und Farbstoff	—	—	—	—
Invert-Zucker	1,35	1,62	1,57	1,90
Rohr-Zucker	4,26	5,82	5,18	5,54
Gesamt-Zucker	5,61	7,43	6,75	7,44
Extrakt, zuckerfrei	3,29	2,71	2,21	2,26

Bemerkungen:

Zu Proben Nr. I. Das Obst war meist grün und hart, wenig fruchtig und säuerlich.

Zu Proben Nr. II. Es zeigte sich hier noch keine wesentliche Veränderung in bezug auf die äußere Beschaffenheit. Das Obst war nur etwas aromatischer, weicher, im Geschmack milder und etwas mehlig.

Zu Proben Nr. III. Keine wesentliche Veränderung.

Zu Proben Nr. IV. Das Obst war bedeutend weicher geworden und zeigte ziemlich viel berostete Stellen, Neigung zur Verderbnis. Die Schale ist braungelb geworden und ließ sich gut vom Fleisch abziehen. Der säuerliche Geschmack war vollständig verschwunden. Das Fleisch war trocken und von mehligem Aussehen. Das Pfirsicharoma kam nicht vollkommen zur Entwicklung.

Zu den Untersuchungen selbst ist noch folgendes zu bemerken:

Extrakt: Bei den abgepreßten Säften von Birnen und Äpfeln wurde der Extraktgehalt auf die bei zuckerhaltigen Fruchtsäften übliche Weise indirekt bestimmt, nämlich aus dem spezifischen Gewicht mit Hilfe der amtlichen Extrakttafeln. Dagegen sind alle anderen in den Untersuchungsergebnissen angeführten Gehaltzahlen an Extrakt nicht als „Extrakt“ im üblichen Sinne aufzufassen, sondern sie sind berechnet durch Subtraktion des Gehaltes an Unlöslichem von der Trockensubstanz. Diese ergab sich aus der Differenz zwischen 100 und dem Wassergehalt. Letzterer wurde wieder durch Trocknung der Früchte resp. Muse bei 105° C bis zur Gewichtskonstanz ermittelt. Bei dem Steinobst ergab sich der Trockenrückstand als Differenz zwischen 100 und dem Wassergehalt + Steingewicht.

Freie und flüchtige Säure: Diese Gehalte wurden im Saft bzw. im wässerigen Auszug nach der bei der Untersuchung des Weines angewendeten Methode ermittelt.

Äpfelsäure: Zur Bestimmung der Äpfelsäure kam das von v. d. Heide und Steiner ausgearbeitete, später von v. d. Heide und Schwenck abgeänderte Verfahren in Anwendung. Die äpfelsäurehaltigen Birnen, Äpfel und Zwetschen erwiesen sich als frei von Zitronensäure.

Zitronensäure: Diese kam nur in den Pfirsichen vor und wurde durch Extraktion mit Äther gewonnen, analog dem zur Bestimmung der Äpfelsäure benutzten Verfahren.

Milchsäure und Bernsteinsäure konnten in den Früchten nicht nachgewiesen werden.

Gerb- und Farbstoff: Diese Gehaltsteile wurden bei den Birnen und Zwetschen nach Neubauer-Löwenthal festgestellt.

Zucker: Der Zuckergehalt wurde gewichtsanalytisch ermittelt durch Kochen mit Fehlingscher Lösung, nach vorheriger Behandlung des Saftes bzw. des wässerigen Auszuges mit Bleiessig. Um den Rohrzucker in direkt reduzierenden Zucker überzuführen (Hydrolisierung) wurde nach der sog. Zollinversionsmethode verfahren. Es muß allerdings berücksichtigt werden, daß die Stoffe, welche trotz der Behandlung mit Bleiessig Fehlingsche Lösung sowohl direkt wie auch erst nach der Inversion reduzieren, nicht unbedingt als Zucker anzusprechen sind, denn es kommen in dem Obst bzw. dessen Saft auch Stoffe vor, die, ähnlich wie Zucker, Fehlingsche Lösung zu reduzieren vermögen.

Der zuckerfreie Extrakt ergab sich nach Abziehen des Gesamtzuckers (Invertzucker + Rohrzucker als solcher) vom Extrakt.

Mit Beginn der Untersuchungen wurde im betreffenden Kühlraum ein abgewogenes Quantum jeder Fruchtsorte für sich gehalten und jedesmal bei einer neuen Probenahme zur chemischen Untersuchung gewogen, um die durch Verdunstung des Wassers und andere Ursachen entstandenen Gewichtsabnahmen festzustellen.

Diese Verlustzahlen, nämlich die Gewichtsabnahme auf 100 g frisches Obst, sind in den vorstehenden Tabellen enthalten.

Deutung der analytischen Befunde.

Die Untersuchungergebnisse sind einerseits angeführt unter Bezugnahme auf die Früchte (auch deren Saft oder steinfreies Mus) in der jeweiligen Beschaffenheit zur Zeit der Untersuchung (relative Zusammensetzung). Anderseits sind diese Ergebnisse umgerechnet auf das Obst im frischen Zustande unter Berücksichtigung der während der Lagerzeit beobachteten Gewichtsabnahme (absolute Gehaltszahlen).

Die ersteren relativen Zahlen geben hauptsächlich Aufschluß über die Mengenverhältnisse der einzelnen Gehaltsteile des gelagerten Obstes. Gleichzeitig ist aus ihnen schon ersichtlich, welche Verschiebung der Gehaltszahlen stattfindet, namentlich in bezug auf Extrakt, Säure und Zucker. Ein besseres Bild über diese Gehaltsveränderungen und deren Ursache geben aber die auf das Frischgewicht der ganzen Früchte umgerechneten absoluten Werte. Letztere lassen ohne weiteres erkennen, daß die Gewichtsabnahme des Obstes hauptsächlich auf Wasserverdunstung zurückzuführen ist, denn der Wassergehalt war stetig im Abnehmen begriffen.

Daß auch eine Gewichtsverminderung durch Umbildung und Verbrauch anderer Stoffe, die in der Trockensubstanz enthalten sind, eintritt, ist als sicher anzunehmen. Allerdings ergeben sich einige Auffälligkeiten. Wenn man bei den einzelnen Obstsorten die auf das Frischgewicht berechneten Befunde an Trockenrückstand (Extrakt) und Unlöslichem betrachtet, so deuten diese Zahlen manchmal auf eine scheinbare Zunahme hin. Eine solche ist aber wohl nicht denkbar und dürfte darauf zurückzuführen sein, daß die angegebenen Gewichtsverluste sich auf das ganze im Kühlraum lagernde Obstquantum beziehen und nicht gerade auf das kleine der Analyse unterworfene Quantum. Wir haben im Abschnitt 6 gesehen, daß der Gewichtsverlust durch sehr viele Faktoren beeinflußt wird; es ist daher durchaus möglich, daß die analysierten Früchte in einigen Fällen einen stärkeren Verlust aufzuweisen hatten, als sich im Mittel für den ganzen Korb ergab. Das ist um so wahrscheinlicher, als die für die Analyse bestimmten Mengen von den Oberflächenschichten der Körbe entnommen wurden, aus welchen das Wasser leichter verdunsten konnte als aus den tiefer unten liegenden Schichten.

Wenn die Gewichtsabnahme, die ja hauptsächlich auf Wasserverdunstung zurückzuführen ist, in den einzelnen Früchten verschieden war, so ist es auch selbstverständlich, daß die Konzentration des Saftes, der sämtliche löslichen Teile (Extrakt) enthält, ebenfalls relativ verschieden ausfallen mußte, und daß mithin auch der prozentuale Gehalt an Unlöslichem in den einzelnen Früchten gleicher Art sehr schwanken konnte.

Im großen und ganzen werden die auf das Frischgewicht berechneten absoluten Zahlen zur Beantwortung der Fragen:

1. Welche Veränderung erleidet das Obst während der Lagerung?
2. Verändert es sich günstig oder ungünstig?

wohl nicht gut in Betracht gezogen werden können. Sie haben nur einen beschränkten Wert, insofern, als sie teilweise Aufschluß geben über die Ursache der Veränderung. Maßgebend sind dagegen in dieser Hinsicht die relativen Befunde über die Zusammensetzung des Obstes zur Zeit der Analyse. Sie lassen erkennen, ob und wie weit eine Einbuße an wertvollen Bestandteilen der Früchte stattgefunden hat.

So ergibt sich aus diesen relativen Befunden folgendes:

Säure: Die in den Birnen, Äpfeln und Zwetschen vorhandene Äpfelsäure und die in den Pfirsichen enthaltene Zitronensäure ist als solche zum größten Teil in freiem Zustande vorhanden. Nur ein geringer Anteil ist gebunden. Die Äpfelsäure resp. Zitronensäure und damit im Zusammenhang die titrierbare freie Säure hat während der Lagerung eine Abnahme erfahren. Bei den Birnen erweckt es den Anschein, als wenn zwischen der ersten und zweiten Untersuchung keine

Abnahme und bei den Äpfeln und Zwetschen sogar eine geringe Zunahme an Säure stattgefunden hätte. Diese Erscheinung ist wohl darauf zurückzuführen, daß durch Verdunstung u. dgl. eine Konzentration des Fruchtsaftes innerhalb der ganzen Frucht stattgefunden hat. Bei den Birnen und Äpfeln war die Abnahme nur gering, während sie bei den Zwetschen ungefähr ein Drittel, bei den Pfirsichen sogar zwei Drittel des ursprünglichen Säuregehaltes betrug.

In bezug auf den Gehalt an mit Wasserdampf flüchtigen Säuren konnte mit zunehmendem Aroma eine geringe Vermehrung festgestellt werden, was ja schließlich auch zu erwarten war, den die flüchtigen Säuren gehören zweifellos zu denjenigen Substanzen, welche dem Obst das Aroma verleihen.

Zucker: Alle vier Fruchtsorten enthielten Rohrzucker (Stoffe, welche Fehlingsche Lösung erst nach der Behandlung mit Salzsäure reduzieren). In den Äpfeln, Birnen und Zwetschen kommt Rohrzucker in geringerer Menge als Invertzucker vor. Bei den Pfirsichen wurde stets die erstere Zuckerart in hohem Grade überwiegend gefunden. Diese verschiedenen Zuckerarten fanden auch in dem Geschmack des Obstes ihren Ausdruck.

Im großen und ganzen waren während der Versuchsdauer auch in bezug auf das Verhältnis der beiden Zuckerarten zueinander größere Schwankungen zu beobachten. So fand bei den Birnen und Äpfeln eine stete Abnahme der Rohrzuckermenge statt. Im Gegensatz hierzu stehen die Zwetschen, in denen eine Zunahme des Rohrzuckergehaltes zu verzeichnen ist. Bei den Pfirsichen wiederum fand abwechselnd eine Zunahme und Abnahme statt.

Danach wird man zunächst schließen, daß die Abnahme des Rohrzuckers in den Birnen, Äpfeln und Pfirsichen auf eine Umwandlung des Rohrzuckers in Invertzucker zurückzuführen ist, sei es infolge der Einwirkung der im Obst vorhandenen Säuren, sei es infolge von Fermentwirkung (Invertin). Dabei fällt aber auf, daß der Gehalt an Invertzucker nicht in dem Maße zugenommen, wie der Rohrzucker abgenommen hat. In manchen Fällen wurde gleichzeitig mit der Verminderung des Rohrzuckers auch eine Abnahme des Invertzuckers festgestellt.

Diese Erscheinungen deuten darauf hin, daß während der Lagerung des Obstes ein Verbrauch (Veratmung) von Zucker beider Arten stattgefunden hat (vgl. Abschnitt 3 S. 21). Auf die Verminderung des Zuckers in den Äpfeln hat übrigens Kulisch[1]) schon hingewiesen und empfohlen, die Äpfel nicht allzu lange lagern zu lassen, sonst werde ein Obstwein mit weniger Alkohol erzielt.

Anderseits wieder müßte man doch annehmen, daß in den Fällen, wo eine Zuckerabnahme (also Zuckerverbrauch) stattgefunden hat, auch eine Extraktverminderung zu verzeichnen wäre. Das trifft aber nicht immer zu, wie aus dem Gehalt an zuckerfreiem Extrakt ersichtlich ist. Bei den Birnen steigt dieser Gehalt stetig an, bei den Äpfeln und Zwetschen nur zeitweilig. Die Ursache könnte darin liegen, daß, wie schon anfangs betont, die Substanzen, die Fehlingsche Lösung reduzieren und als Zucker bezeichnet werden, nicht reiner Zucker sind, sondern daß sich darunter auch solche Extraktivstoffe vorfinden, die anfangs reduzierende Eigenschaft besitzen, diese aber nach einer späteren Umbildung verlieren. Vielleicht wird gerade diesen Extraktstoffen die Reduktionsfähigkeit erst durch die Behandlung mit Salzsäure verliehen.

Äußere Beschaffenheit und Geschmack: Bei den Birnen, Äpfeln und Zwetschen waren während der Lagerung rein äußerlich gewisse Veränderungen festzustellen, nämlich das Weichwerden, die Zunahme an Süße und eine bessere Ent-Entwicklung des Aromas. Mit anderen Worten, es konnte der den Genußwert des Obstes erhöhende Vorgang, welchen man als „Nachreife" bezeichnet, beobachtet werden.

Indessen war das Verhalten der einzelnen Obstarten in dieser Hinsicht verschieden. Bei Beendigung der Versuche war das Stadium der Vollreife von den Birnen noch nicht ganz erreicht, die Äpfel waren dagegen bei Abschluß der Untersuchungen gerade vollreif geworden. Bei den Zwetschen war zur Zeit der letzten Analyse der Höhepunkt des Genußwertes schon um ein geringes überschritten, so daß bereits Neigung zur Fäulnis eintrat.

---

[1]) A. a. O.

Bei den Pfirsichen schien schließlich die Lagerung überhaupt keine so günstige Wirkung ausgeübt zu haben wie bei den anderen drei Obstarten. Die äußere Beschaffenheit der Pfirsiche hatte sich zwar ebenso verändert wie bei den anderen Fruchtsorten: Verschwinden der grünen Farbe der Schale und Zunahme an Weichheit. Der Geschmack wurde zunächst etwas milder und süßer, nach längerer Lagerung aber fade und nichtssagend. Jedenfalls spielt dabei der Rückgang der Säure eine Hauptrolle. War sie doch fast auf ein Drittel des ursprünglichen Gehaltes zurückgegangen.

Die Pfirsiche enthalten in der Hauptsache Zitronensäure. Diese Säure wird durch Schimmelpilze besonders leicht zerstört. Sie ist dreibasisch. Jeder auch noch so geringe Verlust an dieser Säure wird daher sowohl bei der Analyse wie auch geschmacklich besonders merkbar werden. Der Geschmack der Pfirsiche war denn auch am Ende der Versuchszeit recht fade.

In bezug auf das Aroma konnte festgestellt werden, daß es nur schwach war und überhaupt nicht so recht zur vollen Entwicklung kam. Das Fleisch der Pfirsiche war trocken und mehlig.

10. Zusammenfassung der Ergebnisse.

1. Die Aufbewahrung von frischem Obst in kühlen Räumen übt im allgemeinen einen günstigen Einfluß aus. Die vitalen Reifungsvorgänge werden bei den meisten Sorten nicht unterbrochen, sondern nur verzögert. Bei vereinzelten Obstsorten (z. B. bei gewissen Apfel- und Birnensorten) ist jedoch gelegentlich auch eine schädliche Wirkung tiefer Temperaturen beobachtet worden, die sich in einer völligen Unterbrechung des Reifungsprozesses bzw. im Auftreten brauner Flecken im Fruchtfleisch äußerte.

2. In bezug auf die günstigsten Lagerungsbedingungen im Kühlraum verhalten sich die einzelnen Obstsorten durchaus individuell. Es können daher keine allgemeinen Regeln aufgestellt werden, sondern es ist notwendig, für jede Sorte eingehende Untersuchungen unter verschiedenen äußeren Bedingungen vorzunehmen.

3. Die Konservierungsdauer steigt im allgemeinen mit sinkender Temperatur; die besten Wirkungen werden in der Nähe von 0° C erzielt. Für manche Sorten ist sogar eine geringe Herabsetzung der Temperatur unter Null Grad von Vorteil.

4. Der günstigste relative Feuchtigkeitsgehalt und der Bewegungszustand der Kühlhausluft sind nicht für alle Obstsorten gleich: während z. B. beim Beerenobst, für welches die Aufbewahrungsdauer durch eintretende Verschimmelung begrenzt ist, einge größere Trockenheit und eine mäßig bewegte Luft zweifellos Vorteile versprechen, hat sich für Kernobst und zum Teil auch für Steinobst, bei welchem leicht ein Schrumpfen und Welken eintritt, eine höhere Feuchtigkeit bei ruhender Luft als günstig erwiesen.

5. Die Temperatur des Obstes ist stets etwas höher als die mittlere Temperatur der Kühlraumluft. Diese Temperaturdifferenz kann als Maß der Intensität der Reifungsvorgänge dienen; das Anwachsen dieser Temperaturdifferenz bestimmt den Zeitpunkt der Entfernung des Obstes aus dem Kühlraum und seiner Zuführung für den Verbrauch.

6. In der Regel findet im Laufe der Lagerzeit eine ständige Abnahme des Säuregehaltes der Früchte statt. Hierbei tritt zunächst eine Geschmacksverbesserung der Früchte ein, die jedoch nach Unterschreitung eines gewissen Säuregehaltes zu einer Verminderung des Geschmackswertes führt. Bei der Bereitung von Obstkonserven aus kalt gelagertem Obst kann diesem Umstand durch entsprechenden Zusatz künstlicher Säuren Rechnung getragen werden. Gleichzeitig macht sich auch eine Abnahme des Aromas der Früchte bemerkbar, durch welche die zulässige Lagerzeit besonders bei den feineren Obstsorten (Erdbeeren, Himbeeren, Pfirsiche, Edelbirnen usw.) beschränkt wird, auch wenn die Früchte im Aussehen und in der Konsistenz noch gut erhalten sind.

7. Die Gewichtsverluste rühren in der Hauptsache von der Verdunstung des Wassers her; sie halten sich in ziemlich engen Grenzen, sofern das Obst gesund und an der Oberfläche nicht beschädigt ist. Bei der Bestimmung der Gewichtsverluste

ist stets die Gewichtsveränderung der Tara mit zu berücksichtigen.

8. Es ist erwünscht, daß derartige Untersuchungen, zu denen die vorliegende Arbeit nur einen kleinen Beitrag zu liefern imstande ist, auf breiter Basis fortgesetzt werden. Es wird dadurch die restlose Ausnutzung der Obsternten erleichtert werden, und es werden bedeutende wirtschaftliche Vorteile zu erzielen sein.

www.ingramcontent.com/pod-product-compliance
Lightning Source LLC
LaVergne TN
LVHW042247300926
849161LV00003B/496

* 9 7 8 3 4 8 6 7 4 4 3 2 3 *